家庭服务数字化系列培训教材

家庭餐饮

总主编　尹桂前　贺平则
主　审　贺平则
主　编　王有勇
副主编　张　平　谢湘波
编　委（以姓氏汉语拼音为序）
樊晓霞　高维斌　刘春梅　刘婧芝
牛瑞民　秦四喜　王有勇　谢湘波
杨培宏　张　平　张小利

U0197807

科学出版社
北　京

内 容 简 介

《家庭餐饮》是家庭服务数字化系列培训教材之一，目的是使广大学员补齐家庭餐饮制作的短板，更好地服务于家庭、社会。结合广大学员知识层次及家庭餐饮制作习惯的特点，本书遵循图文并茂、浅显易懂的原则编写。全书共七章，主要讲授食品卫生安全，一日三餐的合理搭配，家庭凉菜、热菜、面食、汤类，月子餐、吕梁特色菜肴的知识和特点。希望学员通过本书可以熟悉家庭餐的用料及制作要求，掌握家庭餐饮的制作方法。

本书可供相关从业者培训使用。

图书在版编目（CIP）数据

家庭餐饮/王有勇主编. —北京：科学出版社，2019.4
家庭服务数字化系列培训教材/尹桂前，贺平则总主编
ISBN 978-7-03-060903-8

Ⅰ. 家…　Ⅱ. 王…　Ⅲ. 菜谱　Ⅳ. TS972.12

中国版本图书馆 CIP 数据核字（2019）第 051823 号

责任编辑：张立丽　许红霞　般梦雯 / 责任校对：王　瑞
责任印制：李　彤 / 封面设计：蓝正设计

科学出版社 出版
北京东黄城根北街 16 号
邮政编码：100717
http://www.sciencep.com
北京虎彩文化传播有限公司 印刷
科学出版社发行　各地新华书店经销
*
2019 年 4 月第　一　版　开本：787×1092　1/16
2023 年 8 月第十次印刷　印张：7 1/4
字数：172 000
定价：35.00 元
（如有印装质量问题，我社负责调换）

序　言

家庭服务业是以家庭为服务对象，以满足家庭生活需求为目的，以向家庭提供各类劳务为内容的阳光工程和民生事业。大力发展家庭服务业，对于增加就业、改善民生、扩大内需、调整产业结构具有重要作用。

作为21世纪的朝阳产业和现代服务业的重要组成部分，家庭服务业日益得到各级党委和政府的关注和重视。伴随着脱贫攻坚战在吕梁山片区全面打响，吕梁市委、市政府将“吕梁山护工”培训就业作为脱贫攻坚的重要抓手、促进战略性结构调整的重要发展方向，提出要在“十三五”期间，培训就业10万“吕梁山护工”，使其走出大山脱贫致富。近年来，经过不断实践，我们践行以人民为中心的发展思想，坚持以脱贫攻坚统揽经济社会发展全局，始终把扶贫同扶智、扶志相结合，大力开展家庭服务培训就业工作，一大批护工走出吕梁山，融入大城市，实现了脱贫致富的梦想，赢得了社会的普遍认可，“勤劳、诚信、专业”的吕梁山护工品牌叫响全国，已成为吕梁第三产业新的经济增长点。

几年的探索实践，不乏奋斗的坎坷，也收获了成功的喜悦，既展示了全市广大干部群众同心协力、决战贫困的顽强斗志，也彰显了吕梁人民不甘落后、奋发图强的吕梁精神。这一实践成果来之不易，需倍加珍惜。

为了更好地提升培训学员综合素质，根据吕梁市委、市政府的安排部署，我们在充分总结培训实践经验的基础上，组织部分专家学者和一线教师编写了简单实用、通俗易懂、图文并茂、便于学习掌握的家庭服务数字化系列培训教材，分《职业素养》《家居保洁》《家庭餐饮》《母婴护理》《病患陪护》《养老陪护》六册，仅供家庭服务业培训机构参考借鉴，以期为全国家庭服务业培养更多技能人才、增加人民群众福祉服务。

中共吕梁市委副书记 張瀟勇

2019年2月15日

前　言

党的二十大报告指出："人民健康是民族昌盛和国家强盛的重要标志。把保障人民健康放在优先发展的战略位置，完善人民健康促进政策。"贯彻落实党的二十大决策部署，积极推动健康事业发展，离不开人才队伍建设。党的二十大报告指出："培养造就大批德才兼备的高素质人才，是国家和民族长远发展大计。" 教材是教学内容的重要载体，是教学的重要依据、培养人才的重要保障。本次教材编写旨在贯彻党的二十大报告精神和党的教育方针，落实立德树人根本任务，坚持为党育人、为国育才。

《家庭餐饮》是家庭服务数字化系列培训教材之一，目的是使广大学员补齐家庭餐饮制作的短板，更好地服务于家庭、社会。结合广大学员知识层次及家庭餐饮制作习惯的特点，本书遵循图文并茂、浅显易懂的原则编写。全书共七章二十节，主要让学员了解食品卫生安全，一日三餐的合理搭配，家庭凉菜、热菜、面食、汤类、月子餐、吕梁特色菜肴的知识和特点，熟悉家庭餐饮的用料及制作要求，掌握家庭餐饮的制作方法。编写过程中，编委们就课程内容及编写要求赴山东、陕西等地的家政服务公司调研，与就业学员座谈，聆听建议，博采众长，同时采纳了进修学习和餐饮协会培训中收集整理的部分图片、文字资料，以提升本书的科学性、实用性。

在此，谨向付出艰辛劳动的全体编写人员致以崇高的敬意，向为此书提供资料的各友好人士表示衷心的感谢。恳请广大读者及专业人士对教材给予斧正，以便进一步修改完善。

编　者

2023 年 8 月

目　录

绪　论

中国人的进餐习惯一般是一日三餐。一日三餐既能保证人们充足、持续、均衡地摄入营养，同时也能满足人们生活、工作、学习及机体生理功能的需求。按时、合理地吃好一日三餐，对身体、工作、生活具有重要意义。

一、一日三餐

现实生活中，生活节奏快、生活方式多样，尤其是年轻人常有各种理由不吃早餐，而晚餐又暴饮暴食，甚至有些人严重偏食、挑食，上述情况会导致营养摄入不平衡。此外，很多年轻人有吸烟、酗酒、熬夜、生活起居无规律等不良嗜好，喜好麻辣、烧烤、碳酸饮料等刺激性饮食，加之缺乏运动、情绪波动，长此以往容易患高血压、冠心病、心肌梗死、恶性肿瘤、白血病等疾病。生命健康靠的不是得病时求医问药，而是平时良好的生活习惯。保持积极健康的生活方式，摒弃不良生活习惯，按时、合理地吃好一日三餐，对身体健康是非常重要的。

从科学研究的角度来看，在早、中、晚这三段时间里，人体内的消化酶特别活跃，这说明人的吃饭时间与生物钟有关。按照我国人民的生活习惯，一般来说，一日三餐是比较合理的。同时要注意，两餐间隔的时间要适宜，间隔太长会引起高度饥饿感，影响人们的劳动和工作效率；间隔时间太短，食物在胃里还没有排空，消化器官得不到适当的休息，消化功能就会逐步降低，影响食欲和消化。因此，从消化角度讲，按时、合理地吃好一日三餐，是对生命的尊重和热爱。

二、中国“八大菜系”

中国是世界四大文明发源地之一。人类出现早期，原始的山顶洞人就用火来改变茹毛饮血的习惯，加速了社会文明的进程。随着历史发展，中国形成了烹调技艺各具风韵、菜肴特色各有千秋的“八大菜系”。

川菜　正宗的川菜以四川成都、重庆两地的菜肴为代表。重视选料，讲究规格，分色配菜，主次分明，鲜艳协调。其特点是酸、甜、麻、辣、香，油重、味浓，注重调味，离不开三椒（即辣椒、胡椒、花椒）和鲜姜，以辣、酸、麻脍炙人口，享有“一菜一味，百菜百味”的美誉。

鲁菜　现今的鲁菜由济南和胶东两地的地方菜演化而成。其特点是清香、鲜嫩、味纯。十分讲究清汤和奶汤的调制，清汤色清而鲜，奶汤色白而醇。善于以葱香调味，以其味鲜、咸、脆、嫩，风味独特，制作精细享誉海内外。

苏菜　是以苏州、扬州、南京、镇江四大菜系为代表构成。用料严谨，注重配色，讲究造型，四季有别。其特点是浓中带淡，鲜香酥烂，原汁原汤，浓而不腻，口味平和，咸中带甜。尤以鸭制的菜肴负有盛名。

浙菜　以杭州、宁波、绍兴、温州等地的菜肴为代表发展而成。浙江盛产鱼虾，又是著名的风景旅游胜地，湖山清秀，山光水色，淡雅宜人，故菜如其景，其特点是清、香、脆、嫩、爽、鲜。

粤菜　主要由广州、潮州、东江三地风味菜组成，选料广博奇异，善用生猛海鲜，其特点是花色繁多，形态新颖，善于变化，讲究鲜、嫩、爽、滑，一般夏秋力求清淡，冬春偏重浓醇。

湘菜　由湘江流域、洞庭湖区和湘西山区的菜肴为代表发展而成。其特点是用料广泛，油重色浓，多以辣椒、熏腊为主料，口味注重香鲜、酸辣、软嫩。以品种丰富，味感鲜明而自成一系，闻名于世。

闽菜　以福州、泉州、厦门等地的菜肴为代表发展而成。其多以海鲜为主料烹制各式菜肴，别具风味，以色调美观、滋味清鲜而著称。

徽菜　以沿江、沿淮、徽州三地区的地方菜为代表构成。其特点是选料朴实，讲究火功，重油重色，味道醇厚，保持原汁原味。通常以烹制山珍海味而著称。

综上所述，全国各地饮食差异较大，参加培训的学员应了解全国各地的菜系特点，掌握家庭餐饮的基本制作方法，就业后才能更好地服务于客户，提高客户的满意度。

第1章

食品卫生安全及一日三餐的合理搭配

学习目标

1. 了解冷菜的卫生、烹饪用具卫生、个人卫生及环境卫生常识。
2. 熟悉家庭餐饮的特点。
3. 掌握一日三餐的营养搭配常识。

第1节　食品卫生安全知识

一、食材主料的卫生

1. 凉菜的制作卫生

（1）在拌凉菜前，先用干净的水洗净蔬菜；带皮的蔬菜、水果可将皮去掉；带叶蔬菜最好放在淡盐水中浸泡2～3分钟，再用开水略焯一下；不用开水焯的蔬菜，可使用专用清洗剂（按产品说明书使用）对蔬菜浸泡消毒，再用清水反复冲洗。

（2）切凉拌菜的菜板、刀具要与切生食的菜板、刀具分开使用；盛菜的容器要彻底洗刷干净。

（3）生吃凉拌菜时，可加适量醋、蒜泥、姜末等佐料，不仅可以调味，而且有助于杀菌消毒。

（4）凉拌菜要随吃随做，吃多少做多少，放置时间不宜过长；吃剩的凉拌菜不可再食用。

2. 热菜的制作卫生

（1）不使用不符合卫生标准的原材料，要精心挑选能充分加热烹调的菜肴，操作过程要严格防止污染，半成品二次烹调时要做到烧透煮透。

（2）调料要符合卫生要求，盛装调料的容器要清洁卫生，使用后加盖。

（3）煎炸食用油多次高温使用后，凡颜色变深、有异味的油脂要废弃。品尝食品要用专用工具，剩余食品要妥善保管，食用前要再次加热。锅、勺、铲、碗、盒、抹布等用具、容器做到生熟分开，用后洗净，定位存放保洁，配菜盘要有标志。

3. 主食的制作卫生

（1）不使用生虫、霉变、有异味、污染不洁的米、面、黄油、果酱、果料、豆馅等原料，制作主食用的禽蛋洗净后方可使用。

（2）制作主食的工具应符合卫生要求，使用前后应洗刷消毒，经常保持清洁。食品盖被要专用，有里外标志，保持清洁。

（3）使用发酵粉要准确无误，不得使用变质、发霉的面肥（引子），点心模具认真洗刷，保持清洁，做馅用的肉、蛋、水产品、蔬菜等要符合卫生要求。

二、烹饪用具的卫生

1. 菜板、刀具的卫生要求 菜板、刀具是污染食品、传播疾病的媒介，因此，菜板、刀具应该生熟分开，用完后应立即用开水冲刷，然后放通风干燥处晾干。菜板的消毒，主要有洗烫法、刮板撒盐法、日晒法、漂白粉消毒法等。

2. 食品容器的消毒 盆、盘、碗、勺、筷等的消毒一般实行“四过关”制，即“一洗二刷三冲四消毒”，家庭餐饮提倡的消毒方法主要有煮沸消毒、蒸汽消毒、餐具清洗消毒机消毒等，简便易行，是既经济又有效的消毒方法。

三、个人卫生的要求

制作餐饮人员的个人卫生直接或间接影响食品卫生质量，因此，从业人员必须讲究个人卫生。

1. 定期检查身体 防止病原体在制餐过程中污染食品、传染他人，影响他人健康。

2. 养成良好的个人卫生习惯

（1）坚持“四勤”：勤洗手、剪指甲；勤洗澡、理发；勤洗衣服、被褥；勤换工作服和毛巾。

（2）养成良好的工作习惯：从业人员在工作期间，不随便吃东西、抽烟、随地吐痰，不挖鼻孔、掏耳朵、剔牙，不允许面对食品打喷嚏，不用勺子直接品尝食物，制作食品时应戴口罩，不能戴戒指、手镯、手表，更不能涂指甲油。

（3）养成良好的操作卫生习惯：擦手布要随时清洗，不能一布多用，以免交叉感染。消毒后的餐具不要再用抹布擦。案板、菜板用后要及时清洗和安放，刀具、餐具用后及时清理和归置。

（4）讲究职业道德：提高思想认识，良好的卫生习惯是从业人员基本的职业道德，也是从业人员能够持续发展的重要保证。

四、环境卫生及安全知识

1. 厨房卫生 不只是案板、菜板、刀具、餐具的清洗和安放，还有灶台、洗菜池、吸油烟机、橱柜的整理及清洁，以及厨房地板、门窗、墙壁、玻璃等的清洁。

2. 餐厅卫生 清除桌面、地面的油污，保持座位的排列整齐，为进餐者提供良好的进餐环境。

3. 储藏室卫生 烹饪主料的储藏，应保持通风、干燥、防霉、无虫害；不同种类的主料应分类存放；食品和非食品分别存放；成品与半成品分别存放；短期食品与较长期

食品分别存放；易吸附异味的食品要隔离存放。

4. 冷藏设备卫生

（1）食品冷藏前必须新鲜，无污染。

（2）随时检查冷藏食物的冷藏时间，以免冷藏食物过期。

（3）严禁冷藏药物和杂物，以免污染食品，误食中毒。

（4）定期除霜、消毒，消除微生物。

5. 微波炉、烤炉及洗碗机等厨房用具的卫生　按程序操作，使用后要及时清理，确保无残留物。

第2节　一日三餐的合理搭配

人类每天的营养补充来源于一日三餐的各种蔬菜、水果、肉类及五谷杂粮。营养需要均衡，膳食贵在合理。人在一天之内应吃齐四类食物，即五谷、蔬果、乳类和肉类，这四类食物为人体提供每天需要的七大营养素，包括水分、糖类、蛋白质、脂肪、维生素、矿物质和膳食纤维，因此，这四类食物合称“均衡的食物”。中国营养学会制定的《中国居民平衡膳食宝塔》对如何合理调配膳食提出了科学的方案。建议成年人每日合理膳食种类为：谷薯类、蔬菜水果类、畜禽鱼蛋类、奶类、豆类和坚果类。人类的食物是多样的，平衡膳食必须由多种食物组成，才能满足人体营养的需要。

一日三餐要遵循“早餐要好，午餐要饱，晚餐要少”的原则。

一、早餐

早餐是一天中最重要的一餐。早餐要吃好，是指早餐应吃一些营养价值高、少而精的食物。因为人们经过一夜的睡眠，前一天晚上进食的营养已基本消耗完，只有及时地补充营养，才能满足上午工作和学习的需要。因此，早餐在设计上应以易消化、吸收且纤维质高的食物为主。反之，如果不吃早餐，人的血液黏度就会增高，且流动缓慢，天长日久，就会增加心脏病等疾病的发生概率。因此，丰盛的早餐不但使人精力充沛，而且有益于身心健康。

一般情况下，理想的早餐时间是起床活动30分钟后，因为这时人的食欲最旺盛。早餐食物通常分以下几种。

1. 奶类食物　奶类食物中含有丰富的蛋白质、钙，不仅能够快速被人体消化吸收，还具有很高的利用率，能够有效地为人体补充钙及能量。

2. 豆类食物　豆类食物中同样含有优质蛋白质、不饱和脂肪酸、维生素、钙等营养成分，能够为身体快速提供营养、能量，并且不会造成肠胃负担。

3. 谷类食物　谷类食物能够为身体提供糖类、蛋白质及维生素等营养成分，特别是谷类食物中含有的膳食纤维，不仅能够促进消化，还能够增加饱腹感。早上喝五谷杂粮制成的粥，营养价值更高。

4. 蛋类食物　蛋类食物中含有更多的优质蛋白质，且氨基酸的比例十分恰当，又容易被人体吸收利用。

二、午餐

午餐在一日三餐中起着承上启下的作用，此时机体既需要补充上午消耗的能量和营养成分，又要为下午的工作和学习提供能量和营养成分。午餐要饱，要求午餐要丰富，既要有菜肴的搭配，还要有主食和汤的搭配。午餐的膳食需要有谷类、豆类、蔬菜、鱼肉类，最好还能有菌类，以保证午餐中维生素、矿物质和膳食纤维的摄入。

三、晚餐

晚餐要少。可根据自身需要尽量少进食，尤其不要进食大鱼大肉等难以消化的油腻食物，宜以清淡为主。不少上班族家庭晚餐却是一日中最丰盛的一餐，如果晚餐后身体活动少，摄入过多或过油腻的食物，不仅会加重消化道的负担，多余的能量在胰岛素的作用下还会合成脂肪储存在体内。

一日三餐的食物品种可按照同类互换的原理调换，如主食可在米面中选择，经常选择富含膳食纤维的食物，如以糙米、全麦食物作主食，既能增加饱腹感，又能促进肠胃蠕动；动物性食物可从肉、禽、蛋、水产品中选择。不断改变花样，安排丰富多彩的膳食。水果可在两餐间食用，也可随餐食用。

在三餐之间，还可适量补充零食。但由零食提供的能量不宜超过一天总能量的 10%。一般来说，应选择营养价值高的零食，如水果、奶制品、坚果等，其所提供的营养成分可作为正餐之外的一种补充。如果三餐能量摄入不足，可以选择富含高能量的零食加以补充。对于需要控制能量摄入的人，应限制选择含糖或含脂肪较多的食品。如果三餐蔬菜、水果摄入不足，应选择蔬菜、水果作为零食。坚果油脂含量较高，少量即可满足人体需要。零食的量不宜太多，以免影响正餐的食欲和食量。吃零食时间以不影响正餐食欲为宜。对于夜间工作、学习的人，适当吃一些夜宵，如晚餐后 2 小时喝一杯牛奶、吃几片饼干或者吃一个苹果等，可以起到缓解饥饿，提高工作效率的作用，但睡前半小时不宜再进食。

第 2 章

家庭餐饮的制作·凉菜

学习目标

1. 了解各种凉菜的特点。
2. 熟悉各种凉菜的用料及各餐营养价值的搭配。
3. 掌握各种凉菜的制作方法。

第 1 节　家庭凉菜的用料及制作方法（一）

菜肴烹制一般可分为凉菜类和热菜类。热菜是菜肴中的主要部分，但凉菜是“开路先锋”，所以两类都不可忽视。凉菜分为拼、卤、拌、配四种系列制作，下文列举了多种凉菜的用料及制作过程。

一、炝莲菜（图 2-1）

图 2-1　炝莲菜

主料：莲藕。

辅料：盐、白醋、糖、姜、红菜椒、黄菜椒、尖椒、干辣椒、香油、味精各适量。

制作：

1. 将莲藕洗净、去皮，切成薄片。

2. 姜去皮切成末。

3. 红菜椒、黄菜椒、尖椒洗净切成小片，干辣椒洗净切成小块。

4. 将盐、白醋、糖、香油、味精、姜末、干辣椒块放入碗内，调成调味汁。

5. 将藕片放入沸水锅内焯熟，捞出后放入调味汁内颠翻均匀，用盖子盖严，焖一会儿，倒入盘内即可食用。

二、小葱拌豆腐（图 2-2）

图 2-2　小葱拌豆腐

主料：豆腐、小葱。

辅料：盐、香油、红辣椒各适量。

制作：

1. 将豆腐直刀切成方丁块。

2. 小葱、红辣椒洗净切碎块，倒入盆里，用盐、香油与豆腐拌匀即可食用，红辣椒可根据口味情况酌情添加。

三、橙汁瓜条（图 2-3）

图 2-3　橙汁瓜条

主料：冬瓜、橙子、橙汁（橙汁量以没过冬瓜条为宜）。

辅料：糖（控制体重时可选用蛋白糖代替）、盐各适量。

制作：

1. 冬瓜洗净切成近1厘米粗的长条，放极少量盐拌匀，腌制约10分钟（盐不可放多，腌的时间不要太长，否则口感偏咸）。

2. 取1个橙子，去皮后切成薄片待用。

3. 将腌好的冬瓜条用清水彻底洗净（也可再用纯净水冲一下），沥干水分放在碗里。

4. 另取一个碗，放入糖或蛋白糖。

5. 倒入橙汁，用勺搅拌至糖完全溶解。

6. 倒进装冬瓜条的碗里。

7. 在冬瓜条上铺满橙子片，将冬瓜条全部盖住，再用保鲜膜将碗封口，放入冰箱冷藏2小时以上。

8. 取出后将冬瓜条整齐地摆放在盘里，同时将碗里的橙汁也一并倒入盘中，为了美观，可以用法香和鲜花装饰。

实训指导一

一、凉拌金针菇（图2-4）

图2-4　凉拌金针菇

主料：金针菇。

辅料：红辣椒、葱、醋、糖、盐、香油各适量。

制作：

1. 将金针菇从中间拦腰切开，撕成细丝。红辣椒切小块。切葱花备用。

2. 锅中放入适量水，烧开后，放入金针菇，焯1分钟左右，捞出放入盘中备用。

3. 放入适量醋、糖、盐。

4. 再加入一点儿香油，搅拌均匀。撒葱花、红辣椒块点缀即可食用。

二、水煮花生米（图 2-5）

图 2-5　水煮花生米

主料：花生米。

辅料：大料、桂皮、香叶、小茴香、丁香、黄瓜、红辣椒、姜片、盐、糖各适量。

制作：

1. 花生米洗净，用温开水泡在盆里约 2 小时。
2. 将大料、桂皮、香叶、小茴香、丁香用纱布包好做成香料包备用。
3. 锅中放入适量的水，水烧开后，放入花生米、姜片、红辣椒、香料包、盐和糖。
4. 开锅后变小火，盖盖儿焖制 40 分钟左右关火。
5. 关火后不要急于掀开锅盖，继续焖一段时间，待冷却后即可食用，盛盘后加入一点儿黄瓜块点缀。

三、蒜泥茄子（图 2-6）

图 2-6　蒜泥茄子

主料：茄子。

辅料：红辣椒、白芝麻、橄榄油、葱、蒜、盐、鸡精、生抽、陈醋各适量。

制作：

1. 将茄子洗净，去皮后直接放入蒸锅，蒸约 15 分钟。
2. 将蒸熟的茄子放入汤盆内，用筷子划成条状。
3. 红辣椒、葱切块，蒜捣成泥。
4. 在小碗内加入橄榄油、葱、蒜、盐、鸡精、生抽和陈醋，做成调汁。
5. 将调好的汁浇在茄子上，撒白芝麻即可食用。

四、凉拌三丝（图 2-7）

图 2-7　凉拌三丝

主料：海带丝、粉丝、胡萝卜。

辅料：生抽、醋、糖、盐、葱、香油各适量。

制作：

1. 将海带丝、粉丝提前用冷水泡软，胡萝卜切细丝，葱切末。
2. 锅内烧开水，分别将三种主料依次焯水。粉丝焯水的时间应适当短一些。
3. 再用凉开水依次冲凉，捞起沥干水。
4. 将海带丝、粉丝、胡萝卜丝放入盘内，加入生抽、醋、糖、盐、葱末、香油，搅拌均匀即可食用。

实训指导二

一、蒜末豆角（图 2-8）

主料：豇豆角、西红柿。

辅料：蒜、盐、糖、鲜贝露、米醋、香油各适量。

制作：

1. 豇豆角去根切段，西红柿切片摆盘，蒜切末。

2. 锅中烧开水加入少许盐，豇豆角焯水 3 分钟。

3. 捞出后，用凉水冲透、沥干水分。

4. 将豇豆角、蒜末放入大碗内，加入少许盐、糖腌制 10 分钟。

5. 把腌出的水倒掉再加入适量鲜贝露、米醋、香油，搅拌均匀，倒入已摆好西红柿的盘子里，即可食用。

图 2-8　蒜末豆角

二、凉拌苦瓜（图 2-9）

图 2-9　凉拌苦瓜

主料：苦瓜。

辅料：胡萝卜、小西红柿、黄瓜、糖、醋、味精、盐、鲜花、法香各适量。

制作：

1. 将苦瓜洗净切成两半，刮去内瓤，切成薄片。

2. 把苦瓜片放进烧开的水里，片刻后捞起。

3. 放入少许盐，根据个人口味可适当加入糖、醋、味精等调味品，拌匀后即可食用。用胡萝卜、黄瓜和小西红柿、鲜花、法香做点缀，增加美感。

三、凉拌卷心菜（图 2-10）

图 2-10　凉拌卷心菜

主料：卷心菜。

辅料：姜、干辣椒、盐、糖、白醋、香油各适量。

制作：

1. 将卷心菜洗净撕成片状，姜切丝。
2. 在锅里加入适量水，烧开后将卷心菜焯一下，捞出沥水备用。
3. 锅中加入适量油，加入干辣椒爆香，辣椒油备用。
4. 将卷心菜倒入盘中，加入姜丝、盐、糖、白醋、香油调味，根据个人情况加入辣椒油，搅拌均匀即可食用。

四、拍黄瓜（图 2-11）

图 2-11　拍黄瓜

主料：黄瓜。

辅料：糖、盐、米醋、红辣椒各适量。

制作：

1. 先将黄瓜在案板上用刀面拍一拍，再切块，放入盘中备用。
2. 加两勺糖、少许盐、少量米醋，根据个人情况加入红辣椒，搅拌均匀即可食用。

第2节 家庭凉菜的用料及制作方法（二）

一、芝麻豆角（图 2-12）

图 2-12 芝麻豆角

主料：豆角。

辅料：红菜椒、盐、鸡粉、蚝油、糖、香油、白芝麻各适量。

制作：

1. 将豆角择洗干净放到盆里备用，红菜椒切丝。

2. 在锅中放入适量水，烧开后放入豆角，煮至熟透，注意豆角不熟极易中毒。

3. 将煮好的豆角捞出过冷水。

4. 豆角沥干水分后切成小段放进大碗中，加入红菜椒丝、蚝油、鸡粉、糖、盐、香油等辅料，用筷子搅拌均匀。

5. 装盘后，再撒上一些白芝麻拌匀即可食用。

二、老虎菜（图 2-13）

图 2-13 老虎菜

主料：黄瓜。

辅料：大葱、红辣椒、香菜、蒜、香油、盐、糖各适量。

制作：

1. 红辣椒洗净，斜刀切成 0.5 厘米宽的细丝。黄瓜洗净，切成 5 厘米长、0.5 厘米粗的小条。

2. 香菜洗净去根，切成小段。蒜剥去外皮，切成末。大葱洗净，先切成 5 厘米长的小段，再对半切开，按平后切成细丝。

3. 将红辣椒丝、黄瓜条、大葱丝和香菜段放入盘中，加入蒜末、香油、盐、糖，搅拌均匀即可食用。

三、糖醋花生（图 2-14）

图 2-14　糖醋花生

主料：花生。

辅料：盐、糖、醋、生抽、辣椒酱、海鲜酱油、香菜、蒜各适量。

制作：

1. 蒜切片、香菜切末。

2. 在热锅中加入油，放入花生炒熟，将炒好的花生放在盘子里备用。

3. 向盘中加入一勺醋、半勺生抽，糖、盐、海鲜酱油适量，可根据个人口味加入适量辣椒酱。

4. 搅拌均匀，撒上蒜片和香菜末即可食用。

四、胡芹黄豆（图 2-15）

主料：胡芹、干黄豆。

辅料：红菜椒、盐、花椒、味精、八角各适量。

制作：

1. 将干黄豆泡发。

2. 胡芹去掉叶子，洗净后切段，焯水。

3. 在水中加入少许盐、八角，将泡发好的黄豆放入水中煮熟。

4. 将煮好的胡芹和黄豆放入盘内。

5. 将锅内放入少许油，烧热加入花椒，将花椒油淋在胡芹和黄豆上，再加适量盐和味精搅拌均匀即可食用，可用红菜椒切丝摆盘做装饰，增加美感。

图 2-15 胡芹黄豆

实训指导三

一、水果沙拉（图 2-16）

图 2-16 水果沙拉

主料：猕猴桃、苹果、草莓、菠萝、香蕉。

辅料：酸奶、沙拉酱、薄荷叶各适量。

制作：

1. 将水果洗净、切块，放入大碗中备用。

2. 在碗中加入两勺沙拉酱和适量酸奶。

3. 将水果和沙拉酱搅拌均匀，加薄荷叶点缀即可食用。

二、凉拌笋丝（图 2-17）

图 2-17　凉拌笋丝

主料：莴笋。

辅料：姜、盐、黄酒、米醋、味精、红菜椒、香菜、法香、鲜花各适量。

制作：

1. 莴笋去皮、去叶，洗净，切成细丝。
2. 笋丝用少许盐腌制后去水放入盘中待用。
3. 姜、红菜椒切细丝，香菜切末。
4. 在盘中加入姜丝、红菜椒丝、香菜、黄酒、米醋、盐、味精适量，搅拌均匀，加法香、鲜花摆盘即可食用。

三、四川泡菜（图 2-18）

图 2-18　四川泡菜

主料：白萝卜、胡萝卜、莴笋。

辅料：红辣椒、姜、大料、花椒、料酒、盐、糖各适量。

制作：

1. 白萝卜、莴笋和胡萝卜洗净沥干水分，切成条状；红辣椒洗净，沥干水分；姜去皮切片。

2. 将白萝卜、胡萝卜、莴笋撒盐，腌制 24 小时；红辣椒撒盐，腌制 4 小时以上；用纱布将花椒、大料、姜包好，制成香料包。

3. 把腌过的蔬菜分层装入密封瓶（坛子）中，每隔一层蔬菜铺一层红辣椒和姜，将香料包放在密封瓶中心；将铺好的菜压紧，加入适量水、料酒、糖，封好，约 7 天后即可摆盘食用。

四、挂霜花生米（图 2-19）

图 2-19　挂霜花生米

主料：红皮花生、淀粉。

辅料：糖适量。

制作：

1. 平底锅干炒花生，用小火慢慢炒香，中间不断地颠锅，使花生均匀受热。

2. 待听到花生有“噼啪”裂开的声音，闻到明显的花生香味时，即可关火，盛出放一旁备用。

3. 锅里倒入清水和糖，小火加热，并不停地用锅铲搅拌。

4. 糖慢慢溶化，生成糖浆，产生很多气泡。

5. 用锅铲蘸糖浆，如能拉丝，便将炒香的花生倒入，在糖浆中搅拌均匀。

6. 再用筛网筛入淀粉，迅速搅拌。

7. 待花生表面都裹满糖霜，且明显能感觉到变得干脆的时候，即可关火盛出。

实训指导四

一、东北拉皮（图 2-20）

主料：拉皮、紫甘蓝、胡萝卜、黄瓜、豆腐皮、红心萝卜。

图2-20　东北拉皮

辅料：香菜、醋、盐、糖、蒜、生抽、香油各适量。

制作：

1. 胡萝卜、红心萝卜、黄瓜、紫甘蓝、豆腐皮切细丝，香菜切小段备用，蒜切末。
2. 拉皮用温水泡软，沸水煮熟，过凉备用。
3. 用蒜末、醋、香油、生抽、盐、糖做成调汁。
4. 胡萝卜丝、黄瓜丝、紫甘蓝丝、豆腐皮丝入沸水焯熟，捞出过凉。
5. 将拉皮等主料摆好盘，淋上调汁，点缀香菜即可食用。

二、姜汁松花蛋（图2-21）

图2-21　姜汁松花蛋

主料：松花蛋。

辅料：红辣椒、姜、香菜、生抽、醋、鸡精、盐、香油各适量。

制作：

1. 松花蛋剥去外皮，在刀的两面抹上少许香油，将松花蛋切成小瓣。
2. 红辣椒、香菜、姜洗净切碎备用。
3. 将松花蛋装盘。
4. 取小碗一个，放入红辣椒末、姜末、生抽、香油、醋、鸡精、盐适量，拌匀做成调汁。
5. 将调汁浇在松花蛋上，撒上香菜末即可食用。

三、手撕牛肉（图 2-22）

图 2-22　手撕牛肉

主料：牛肉。

辅料：香菜、干辣椒、山楂、桂皮、大料、花椒、香叶、陈皮、良姜、肉蔻、草果、葱、盐、味精、料酒各适量。

制作：

1. 将牛肉洗净，切成小块，放在锅里焯水捞出。葱、香菜切段，干辣椒切末备用。
2. 将山楂、大料、花椒、香叶、陈皮、良姜、桂皮、肉蔻、草果、葱段放在香料包里制成调料包。
3. 把牛肉放入干净的锅内，加入调料包和料酒，大火煮开，改小火，煮至肉烂。
4. 把煮好的牛肉撕成细长条。
5. 锅里放油，放一小撮儿花椒炸熟捞出；在碗里放入辣椒末和少许盐，把花椒油倒入碗中，把辣椒炸熟做成辣椒油。
6. 将辣椒油、盐、味精、料酒放入牛肉丝中拌好，点缀香菜段即可食用。

四、香辣肚丝（图 2-23）

主料：猪肚、尖椒、红菜椒。

辅料：姜、葱、盐、味精、醋各适量。

制作：

1. 葱切段，姜切块，尖椒、红菜椒切丝。

2. 用清水反复清洗猪肚。

3. 把猪肚氽一下，呈白色时捞出刮洗，除去油脂。

4. 水烧开，放入猪肚、葱段、姜块，大火烧开后撇去浮沫，改用小火煮。

5. 约 1 小时后取出猪肚晾凉，切成丝装盘，然后放入尖椒丝和红菜椒丝，加入盐、味精、醋搅拌均匀即可食用。

图 2-23　香辣肚丝

第 3 节　家庭凉菜的用料及制作方法（三）

一、酸豆角（图 2-24）

图 2-24　酸豆角

主料：豇豆。

辅料：红辣椒、盐各适量。

制作：

1. 准备一个泡菜坛子或是能密封的玻璃器皿，洗干净，保证无油干燥。

2. 将新鲜的豇豆两端用刀切掉一小部分，洗干净，晾干表面的水分。

3. 准备一个大的干净的盆，把晾好的豇豆放进去，然后放盐（腌制专用盐更好），豇豆和盐的比例为 2：1，然后用盐揉搓豇豆至豇豆变成翠绿色。

4. 把变成翠绿色的豇豆连同盐一起全部放入泡菜坛里，然后浇入凉开水或矿泉水，以没过豇豆为宜。

5. 7 天左右基本腌好，可以继续腌制一段时间。也可根据个人喜好加入红辣椒、黄瓜、萝卜等一起腌制。食用时取出豇豆切段，点缀红辣椒即可。

二、皮冻（图 2-25）

图 2-25　皮冻

主料：猪肉皮。

辅料：芹菜、红菜椒、葱、姜、蒜、料酒、盐、醋、香油各适量。

制作：

1. 猪肉皮放水中煮开，红菜椒、芹菜切丝，蒜切末。
2. 刮净猪肉皮表面油污，切细条。
3. 放入加有葱、姜、料酒的清水中大火烧沸，改小火煮 1.5 小时。
4. 捡出葱、姜，倒入容器中冷却凝固。
5. 切片装盘，将蒜、盐、醋、香油调成汁浇上。
6. 加红菜椒丝和芹菜丝做点缀即可食用。

三、凉拌黄瓜（图 2-26）

主料：黄瓜。

辅料：蒜、红辣椒、辣油、白醋、盐、油、味精、糖各适量。

制作：

1. 黄瓜切块，红辣椒切段，蒜切末。
2. 泡菜盒内放入黄瓜块、蒜末、盐、味精、糖，腌制 10 分钟。
3. 倒出水分，然后用少量油把蒜末炒出香味，倒入适量醋，最后和辣油一起倒入腌制好的黄瓜块上即可食用。

图 2-26　凉拌黄瓜

四、糖拌西红柿（图 2-27）

图 2-27　糖拌西红柿

主料：西红柿。

辅料：糖适量。

制作：

1. 选择全熟的西红柿。
2. 使用清水洗净西红柿表面，不要浸泡。
3. 改刀，根据个人喜好，斜切等分的西红柿瓣即可。
4. 放入盘中，撒入适量糖。
5. 根据个人喜好，可以放入冰箱冷藏 10～20 分钟再食用。

实训指导五

一、大丰收（图 2-28）

主料：黄瓜、红心萝卜、胡萝卜、葱、生菜、小西红柿。

辅料：黄酱、糖、香油、鸡精各适量。

图 2-28 大丰收

制作：

1. 黄瓜、红心萝卜、胡萝卜切粗条，葱切段。

2. 摆盘，先在盘中铺一层生菜，再按图中摆法把黄瓜、红心萝卜、胡萝卜、葱段、小西红柿摆在生菜上面。

3. 将黄酱、糖、鸡精放入碗中，上锅蒸 7 分钟，取出后加入香油调匀，即可用主料蘸食。

二、黄瓜蘸酱（图 2-29）

图 2-29 黄瓜蘸酱

主料：黄瓜。

辅料：豆瓣酱、黄豆酱、甜面酱各适量。

制作：

1. 黄瓜洗净，切成条，放在盘中。

2. 配豆瓣酱或黄豆酱蘸食。如果喜欢甜味，也可以用甜面酱。

三、凉拌海带丝（图 2-30）

图 2-30　凉拌海带丝

主料：海带。

辅料：胡萝卜、香菜、蒜、葱、盐、糖、酱油、陈醋、香油、味精各适量。

制作：

1. 将海带洗净，上锅蒸熟，取出浸泡后切丝，装盘待用。葱切末，蒜捣泥。
2. 将胡萝卜、香菜洗净切碎，放入装有海带的盘里。
3. 碗内放入酱油、盐、味精、葱末、蒜泥、香油、糖、陈醋做成调汁，浇在海带盘内，拌匀即可食用。

四、拌素什锦（图 2-31）

图 2-31　拌素什锦

主料：泡发腐竹、花生米、胡萝卜、木耳、银耳、西兰花、芹菜。

辅料：盐、辣椒油、生抽、醋、味精、香油、花椒油各适量。

制作：

1. 将所有主料洗净，切块、切段处理好待用。
2. 锅内放入适量水，烧开，加盐，将所有的主料一一焯水。
3. 干净的容器里放清水，将焯好的主料一一过水。
4. 主料中加入适量辅料拌均匀即可食用。

实训指导六

一、红油腐竹（图 2-32）

图 2-32　红油腐竹

主料：腐竹、青椒、红菜椒。

辅料：辣椒油、味精、盐、糖各适量。

制作：

1. 将腐竹切段，青椒、红菜椒去蒂洗净，切丝。
2. 锅内烧开热水，放入腐竹、青椒、红菜椒焯水，过凉装盘待用。
3. 将辣椒油、味精、盐、糖调成汁，倒入腐竹盘内，拌匀即可食用。

二、凉拌豆腐片（图 2-33）

图 2-33　凉拌豆腐片

主料：豆腐。

辅料：葱花、香油、生抽、辣酱各适量。

制作：

1. 把豆腐切成片，放入盘中，撒上葱花。
2. 碗里调好辣酱、生抽、香油。
3. 将调汁倒在豆腐片上即可食用。
4. 放进微波炉里加热 10 分钟更入味，如果家中没有微波炉可以在放入调汁前先将豆腐焯水。

三、果仁菠菜（图 2-34）

图 2-34　果仁菠菜

主料：菠菜、花生米。

辅料：红心萝卜、白萝卜、红菜椒、葱、蒜泥、盐、糖、鸡精、生抽、醋、香油、辣椒油各适量。

制作：

1. 将花生米放入油锅中炒熟。
2. 菠菜切段，葱、红心萝卜、白萝卜、红菜椒切丝备用。
3. 锅内烧开水，放入洗净的菠菜段焯烫 1 分钟，捞出过凉，装盘备用。
4. 取一个小碗加入盐、鸡精、生抽、醋、糖、蒜泥、香油、辣椒油搅拌均匀备用。
5. 在菠菜盘内倒入花生米和调汁，搅拌均匀，点缀葱、红心萝卜、白萝卜、红菜椒丝即可食用。

四、拌牛肉（图 2-35）

主料：牛腱子肉。

辅料：葱、姜、蒜、香菜、红辣椒、八角、花椒、桂皮、风味豆豉酱、蚝油、香油各适量。

制作：

1. 香菜、葱切段，红辣椒切块，姜切片，蒜切末，八角、花椒和桂皮放入香料包。

2. 锅中烧水，水开后放入牛腱子肉，煮出血沫后关火捞出。

3. 用清水洗去浮沫，放入锅中，加入水、葱段、姜片和香料包，大火煮开后，转小火煮50分钟至熟透。

4. 关火后，将牛肉放在原汤中冷却。

5. 牛肉捞出切片，加入风味豆豉酱、蚝油和香油。

6. 再加入香菜段、蒜末，撒红辣椒块，拌匀即可食用。

图2-35　拌牛肉

第3章

家庭餐饮的制作·热菜

学习目标

1. 了解家庭餐饮及热菜的特点。
2. 熟悉各种热菜的用料及各餐营养价值的搭配。
3. 掌握各种热菜的制作方法。

第1节　家庭热菜的用料及制作方法（一）

“热菜”是相对于“冷菜”或“凉菜”而言的。一是指有一定温度的菜品，如刚做好上桌直接食用的菜。二是指将凉菜加热，如锅仔、明炉、砂锅。热菜可追溯到人类开始使用火加工食材的时期。热菜有炒、煎、焖、炖、煸等各种做法。本章主要介绍家庭常见的热菜的用料及制作方法。

一、山西过油肉（图3-1）

图3-1　山西过油肉

主料：猪里脊肉。

辅料：蒜薹、木耳、淀粉、鸡蛋、葱、蒜、黄酱、醋、花椒、酱油、姜、盐、黄酒、味精、猪油各适量。

制作：

1. 猪里脊肉切成薄片，放入碗内。

2. 在肉里放入鸡蛋、花椒、黄酱、淀粉、酱油、盐、醋搅拌均匀，腌制半小时。

3. 蒜薹洗净，切段。木耳泡发后择蒂，洗净。

4. 将蒜薹段和木耳焯水并过凉，放入小碗中备用。

5. 切葱花备用，姜、蒜切末。

6. 用水、黄酒、味精、酱油、淀粉调成芡汁。

7. 炒锅上旺火，放入猪油烧至5成热时放入浸好的肉片，用筷子迅速拨散，滑5～6秒后倒入漏勺内沥油。

8. 炒锅内加入猪油，放入葱花、姜末、蒜末煸出香味，加入蒜薹、木耳和已过油的肉片，先用醋烹一下再倒入调好的芡汁，颠翻炒匀即可出锅。

二、鱼香肉丝（图3-2）

图3-2 鱼香肉丝

主料：猪瘦肉、胡萝卜、蒜薹、已泡发的木耳。

辅料：葱、蒜、姜、红辣椒、盐、糖、醋、酱油、湿淀粉、油各适量。

制作：

1. 将猪瘦肉、木耳、胡萝卜切丝，蒜薹切段。切葱花备用，红辣椒、姜、蒜切末。

2. 肉丝用少许盐和湿淀粉稍稍腌制几分钟。

3. 用湿淀粉、盐、糖、醋、酱油、水兑成芡汁。

4. 锅烧热，下油，倒入肉丝翻炒至变色。加入葱花、红辣椒末、蒜末、姜末炒香。

5. 加入木耳丝、胡萝卜丝、蒜薹段翻炒几下。

6. 倒入芡汁炒匀即可食用。

三、红烧鲤鱼（图3-3）

主料：鲤鱼。

辅料：笋、油、葱、姜、蒜、八角、花椒、干辣椒、酱油、糖、料酒、白醋、盐各

适量。

图 3-3　红烧鲤鱼

制作：

1. 切一点葱花，姜、蒜切片，干辣椒切块，笋洗净、切片。

2. 鲤鱼一条，去鳞、去内脏，清洗干净。在头和尾部各切一刀，两面相同，去除腥线。

3. 在鱼身上划刀，两面相同，往鱼身上抹些盐和料酒，腌制一下。

4. 开火，加热炒锅，放入油，油热后放入鲤鱼，调到小火，煎至鱼身两面金黄色盛出。

5. 锅内放入葱花、姜片、蒜片、干辣椒块、八角和花椒爆香。

6. 放入笋片、盐、糖、白醋、料酒、酱油翻炒几下，再加入清水，大火烧开。

7. 放入煎好的鱼，大火烧开后，转小火焖 15～20 分钟，收干汤汁，盛盘，再撒上一些葱花即可食用。

四、香酥鸡（图 3-4）

图 3-4　香酥鸡

主料：嫩小公鸡。

辅料：葱、姜、盐、酱油、味精、料酒、糖、油、花椒、大料、桂皮、香叶、辣椒面各适量。

制作：

1. 葱切段，姜切块。

2. 小公鸡掏出内脏，洗净，把葱段和姜块放入鸡膛里，放在锅里。

3. 再放入适量盐、酱油、味精、料酒、糖、花椒、大料、桂皮和香叶，使辅料充分浸入鸡身。

4. 盖上保鲜膜，放入冰箱冷藏室腌制 8 小时。

5. 取出后放入蒸笼蒸制半个小时，晾凉。

6. 锅内加油，烧至 7 成热，放入小公鸡，两面翻炸，鸡的外皮炸至焦脆红润便可捞出。

7. 将整鸡撕块，装盘即可食用，可以根据个人喜好再撒上一点儿辣椒面。

实训指导七

一、 油焖虾（图 3-5）

图 3-5　油焖虾

主料：对虾。

辅料：料酒、糖、味精、油、香油、大料、葱段、姜片、盐、鲜花、法香各适量。

制作：

1. 将对虾洗净，剪去虾须、虾腿，从头部虾枪处将虾背剪开至虾尾处，抽出虾线。

2. 炒锅开火，放入油，烧热，加入大料、葱段、姜片爆香，放入虾煸炒出虾油。

3. 烹入料酒，加入盐、糖，加水烧开后，盖上盖，用微火焖熟，再调至大火收汁，加一点儿味精，淋入香油，点缀法香、鲜花即可食用。

二、红烧排骨（图 3-6）

主料：排骨。

辅料：洋葱、红菜椒、芹菜、生菜、排骨酱、香油各适量。

图 3-6　红烧排骨

制作：

1. 将排骨洗净，放入水中泡一会儿。

2. 将泡好的排骨放入水中焯一下，取出后沥干水分。

3. 放入排骨酱、香油腌制 30 分钟左右。

4. 洋葱、红菜椒、芹菜洗净，切丝。

5. 将腌制好的排骨，连同腌制的汤汁，一同放入高压锅中大火上气后，转小火再炖 30 分钟，即可关火。

6. 将生菜铺在盘底，盛入做好的排骨，加入洋葱丝、红菜椒丝和芹菜丝，即可食用。

三、水煮肉片（图 3-7）

图 3-7　水煮肉片

主料：猪里脊肉。

辅料：姜、葱、蒜、豆瓣辣酱、酱油、淀粉、盐、鸡精、花椒粒、干红辣椒各适量。

制作：

1. 猪里脊肉切成薄片后用少许酱油、水和淀粉腌制。

2. 葱、姜、蒜切末，干红辣椒切块。

3. 锅中放少量油，油烧热后放入豆瓣辣酱，炒出红油后放入姜、蒜、葱末翻炒几下，加少量水，开锅放入少许盐、鸡精，将腌好的肉一片一片滑入锅内，待肉变色熟透后连汤一起装入碗内。

4. 将锅洗净，放入适量油烧热，将花椒粒、干红辣椒块倒入锅内翻炒至脆，再淋到已煮好的肉片上即可食用。

四、芹菜炒肉（图 3-8）

图 3-8 芹菜炒肉

主料：芹菜、猪肉（五花肉或瘦肉）。

辅料：葱、干红辣椒、红菜椒、生抽、料酒、盐、鸡精、油各适量。

制作：

1. 芹菜择好洗净，切段，装盘备用。
2. 猪肉洗净，切片。切葱花备用，干红辣椒、红菜椒切块。
3. 锅中倒入适量油烧热，放入葱花、干红辣椒爆香，再放入肉片炒至断生。
4. 放入生抽和料酒翻炒均匀，加入芹菜段、红菜椒块，继续翻炒。
5. 放入盐和鸡精调味，即可食用。

第 2 节 家庭热菜的用料及制作方法（二）

一、宫保鸡丁（图 3-9）

主料：鸡脯肉、花生米。

辅料：葱、盐、干辣椒、花椒、蒜、酱油、醋、料酒、鲜汤、姜、糖、红薯淀粉各适量。

制作：

1. 姜、蒜去皮切片，切一点儿葱花备用。
2. 干辣椒去蒂去籽，切成小块。
3. 鸡脯肉拍松，再用刀切成小丁。

4. 鸡脯肉加入盐、酱油、料酒、红薯淀粉拌匀，腌制10分钟。
5. 花生米洗净，放入油锅炸脆（注意火候，炸过火会产生苦味）。
6. 将炸好的花生米捞出冷却。
7. 锅烧热，放入油，将鸡肉放入锅中炒至变色后捞出。
8. 用盐、酱油、醋、料酒、鲜汤和糖做成调汁。
9. 再起锅放油烧热后，放入葱花、姜片、蒜片、干辣椒块和花椒炒出香味。再加入鸡丁翻炒。
10. 加入调汁翻炒，起锅前倒入炸好的花生米，翻炒收汁即可装盘。

图3-9　宫保鸡丁

二、京酱肉丝（图3-10）

图3-10　京酱肉丝

主料：猪肉。

辅料：干豆腐皮、鸡蛋、葱、甜面酱、料酒、味精、糖、盐、淀粉、油、姜各适量。

制作：

1. 将猪肉切成丝，放入碗内，加料酒、盐、鸡蛋、淀粉抓匀，即上浆。

2. 将葱白斜切成丝备用。姜切片略拍，取适量葱丝同放一碗内，加清水，泡成葱姜水。

3. 炒锅烧热，加油，下入肉丝炒散，待熟时取出，放在盘中。

4. 另起锅烧热放油，加入甜面酱略炒，放入葱姜水、料酒、味精、糖，不停炒动甜面酱，待糖全部溶化，且酱汁开始变黏稠时，放入肉丝，不停地炒动，使甜面酱均匀地沾在肉丝上。

5. 在盘中先铺一层干豆腐皮，再铺一层葱丝，把做好的肉丝倒在葱丝上即可食用。

三、糖醋里脊（图 3-11）

图 3-11　糖醋里脊

主料：里脊肉。

辅料：葱、姜、香油、料酒、醋、糖、盐、高汤、油、鸡蛋、面粉、淀粉各适量。

制作：

1. 鸡蛋打入碗内。
2. 里脊肉洗净切段，放入鸡蛋液中，加水、淀粉、面粉抓匀。
3. 葱、姜洗净切末。
4. 碗内放料酒、糖、醋、盐、葱末、姜末、淀粉、高汤兑成芡汁。
5. 锅内放油，烧至 5 成热，下入肉段，炸至焦脆，捞出沥油。
6. 锅内留底油，烹入芡汁，倒入炸好的肉段，炒匀，淋香油即可食用。

实训指导八

一、麻婆豆腐（图 3-12）

主料：豆腐、牛肉馅。

辅料：豆豉、花椒粉、辣椒粉、料酒、盐、味精、酱油、糖、淀粉、油、葱、蒜、姜、豆瓣酱、肉汤各适量。

图 3-12　麻婆豆腐

制作：

1. 将豆腐切成2厘米见方的块，加入少许盐在沸水中焯一下，去除豆腥味，捞出用清水浸泡。

2. 豆豉、豆瓣酱剁碎，蒜、姜切末，再切葱花备用。

3. 炒锅烧热，放油，放入牛肉馅炒散。

4. 待牛肉馅炒成金黄色后，放入豆瓣酱同炒。

5. 放入豆豉、葱花、蒜和姜末、辣椒粉同炒，至牛肉上色。

6. 加入适量肉汤煮沸，放入豆腐煮3分钟。

7. 加酱油、糖、料酒、盐、味精调味。

8. 用淀粉加水做成芡汁倒入锅内。

9. 出锅后，撒适量花椒粉即可食用。

二、红烧茄子（图3-13）

图 3-13　红烧茄子

主料：茄子、猪肉馅。

辅料：葱、油、盐、酱油、鸡精、淀粉各适量。
制作：
1. 把茄子洗净切成滚刀块。切葱花备用。
2. 猪肉馅用酱油、淀粉腌制数分钟。
3. 锅烧热，加油，放入猪肉馅炒至变色捞起。
4. 热油锅放葱花爆香，再放入茄子段不断翻炒，撒盐，直至茄子变软。
5. 加入炒过的猪肉馅炒熟，放入鸡精即可起锅。

三、西葫芦炒鸡蛋（图 3-14）

图 3-14　西葫芦炒鸡蛋

主料：西葫芦、鸡蛋。
辅料：盐、味精、葱、油各适量。
制作：
1. 西葫芦洗净，切片，切葱花备用。
2. 鸡蛋打散，加盐、味精搅匀。
3. 炒锅热油，鸡蛋放入锅内炒熟待用。
4. 另起锅加油，放入葱花炒香，放入西葫芦片翻炒，加盐调味。
5. 西葫芦快熟时，加入鸡蛋翻炒几下，加入味精，即可出锅。

四、豆豉鲮鱼油麦菜（图 3-15）

主料：豆豉鲮鱼罐头、油麦菜。
辅料：干辣椒、蒜、盐、油、淀粉各适量。
制作：
1. 将油麦菜洗净，切段。干辣椒切块。蒜切片。
2. 打开豆豉鲮鱼罐头，将鱼切成小块。
3. 热锅倒油，待油温 8 成热时下蒜片、干辣椒块，炒香。
4. 倒入油麦菜翻炒，加入豆豉鲮鱼、盐继续翻炒。

5. 用淀粉加水调成芡汁，快熟时加入。

6. 大火收汁即可出锅。

图 3-15　豆豉鲮鱼油麦菜

第 3 节　家庭热菜的用料及制作方法（三）

一、炝锅腐竹（图 3-16）

图 3-16　炝锅腐竹

主料：腐竹。

辅料：面粉、白芝麻、葱花、油、干红辣椒块、火锅底料各适量。

制作：

1. 将泡好的腐竹切段，并加入少许面粉挂糊。

2. 炒锅放适量油，将挂糊的腐竹炸至金黄，捞出。

3. 另起锅加油，放入干红辣椒块爆香，再加入火锅底料，加开水将其煮开，放入已炸好的腐竹。也可根据个人喜好加入一些蔬菜，如生菜、香菜等。大火炖 3 分钟左右，入味后出锅，撒一些葱花、白芝麻即可食用。

二、干炸蘑菇（图 3-17）

图 3-17　干炸蘑菇

主料：鲜蘑。

辅料：鸡蛋、大料、花椒、葱、淀粉、面粉、十三香粉、盐、油各适量。

制作：

1. 鲜蘑洗净，撕成条状。葱切段，再切葱花备用。
2. 锅中加入适量水，放入大料、花椒、葱段烧开，下入鲜蘑，煮 1～2 分钟后捞出。
3. 鲜蘑放入冷水中，捞出，沥干水分。
4. 淀粉和面粉比例为 2∶1，加鸡蛋、水、盐、十三香粉混合成糊状，注意面糊不要太稀，刚好裹住鲜蘑不流下来即可。
5. 锅中放油加热到 6 成左右，把鲜蘑放入锅中炸至浅黄色捞出。
6. 继续加热锅中的油，大概 7～8 成热时把已经炸过一遍的鲜蘑全部倒入油锅再炸一遍。
7. 炸到金黄色，用漏勺轻触感觉发硬即可出锅，装盘，再撒点儿葱花即可食用。

三、山药炒木耳（图 3-18）

图 3-18　山药炒木耳

主料：山药、黑木耳。

辅料：葱、红菜椒、青椒、糖、盐、味精各适量。

制作：

1. 黑木耳泡发，去根。

2. 山药去皮洗净、切菱形片。切葱花备用。

3. 红菜椒、青椒切片。

4. 炒锅烧热，倒入油，放入葱花爆香，再放入山药片、黑木耳大火翻炒，加入盐、糖调味。

5. 快出锅时，加入味精、红菜椒和青椒片，炒熟即可食用。

四、松仁玉米（图3-19）

图3-19　松仁玉米

主料：玉米粒、松子仁、胡萝卜。

辅料：葱、油、盐、糖、味精各适量。

制作：

1. 胡萝卜切小丁，再切葱花备用。

2. 将玉米粒放入沸水中煮4分钟，至8成熟时捞出沥干。

3. 用中火将炒锅烧至温热，放入松子仁干炒，至略变金黄出香味。注意要不断晃动锅或用锅铲翻炒，避免颜色不均匀。

4. 将炒好的松子仁盛出，平铺在大盘中晾凉。

5. 炒锅中倒入油，用中火烧热，先把葱花煸出香味，再依次放入玉米粒、胡萝卜丁和松子仁煸炒2分钟，加入盐和糖。

6. 盖上锅盖稍煮，可沿锅边加少量水，最后撒上味精炒匀即可出锅。

实训指导九

一、鱼香茄子（图3-20）

主料：茄子。

图 3-20　鱼香茄子

辅料：青椒、辣豆瓣酱、盐、蒜、姜、葱、糖、醋、鸡精、淀粉各适量。

制作：

1. 茄子洗干净去根，切条。葱、姜、蒜切末。青椒切块。
2. 起油锅，油热后倒入切好的茄子炸 2～3 分钟后捞出。
3. 开大火把油烧热，再次倒入茄条，炸 30～45 秒捞出。
4. 锅放油，油微热放入姜、葱、蒜末炒香，再放入青椒块和一勺辣豆瓣酱，炒出红油。
5. 在碗内加入小半碗水，加适量糖、醋，调汁。
6. 将调汁倒入锅内烧开，再倒入炸好的茄子，加少量盐、鸡精。
7. 用淀粉加水勾芡倒入锅里，翻炒几下便可出锅。

二、烧三菌（图 3-21）

图 3-21　烧三菌

主料：金针菇、草菇、杏鲍菇。

辅料：红菜椒、青椒、葱、油、盐、淀粉、生抽各适量。

制作：

1. 红菜椒、青椒洗净，切块。草菇、金针菇、杏鲍菇洗净，滤干水分。切葱花备用。

2. 锅烧热，加入适量油，放入葱花爆香，再下入草菇、金针菇、杏鲍菇、红菜椒和青椒块翻炒。

3. 加入适量盐和生抽，炒熟。

4. 用淀粉勾芡，收汁出锅。

三、红烧冬瓜（图 3-22）

图 3-22　红烧冬瓜

主料：冬瓜。

辅料：红菜椒、糖、生抽、盐、蚝油、鸡精、葱各适量。

制作：

1. 冬瓜去皮去瓤，切成方块。红菜椒切小丁，切葱花备用。

2. 热锅下油，油热后下入冬瓜块，煎至四面略显金黄后把冬瓜扒到锅边，中间下少许糖，炒出糖色后和冬瓜块一起炒匀。

3. 加入红菜椒丁。再放入盐、适量生抽，让冬瓜均匀上色。

4. 加一小碗水炒匀后盖上锅盖，焖煮至冬瓜熟透。

5. 再加入蚝油、鸡精，大火收汁，起锅撒上葱花即可食用。

第 4 节　家庭热菜的用料及制作方法（四）

一、小炒肉（图 3-23）

主料：五花肉。

辅料：尖椒、红辣椒、蒜、姜、蚝油、生抽、辣椒酱、料酒、蒸鱼豉油、酱油各适量。

制作：

1. 尖椒、红辣椒洗净后斜刀切成 0.5 厘米宽的条。

2. 蒜、姜切成薄片。

3. 辣椒酱加清水调稀，搅拌均匀。可根据个人情况选择不加辣椒酱。

4. 将五花肉切成薄片放在碗里，加入蚝油和生抽，轻轻地抓匀，腌制 2～3 分钟。
5. 锅烧热后转小火，放入尖椒和红辣椒段干煸，出香味后装盘备用。
6. 重新起锅，倒入少量油，烧热后下入腌制好的五花肉片翻炒。
7. 待五花肉变色后，加入蒜片和姜片。
8. 按照个人的口味倒入适量的辣椒酱，加入料酒炒至收汁。
9. 倒入干煸好的尖椒和红辣椒，炒均匀后倒入蒸鱼豉油和酱油，翻炒一下后即可出锅。

图 3-23　小炒肉

二、香菇油菜（图 3-24）

图 3-24　香菇油菜

主料：鲜香菇、油菜。

辅料：油、盐、酱油、鸡精、葱、姜、蒜各适量。

制作：

1. 先去掉油菜的老叶和根部，用水洗净，然后焯水盛盘。香菇去根洗净，切片。
2. 姜、蒜切末，再切葱花备用。
3. 待锅热后放入适量的油，加少许的盐、葱花、姜末和蒜末，倒入油菜。翻炒至 6～7 成熟后捞出，将油控净盛盘备用。

4. 另起锅烧热，放入油，油半热后将香菇下锅翻炒。放入少许盐、鸡精、酱油，让香菇入味上色。

5. 继续翻炒，待香菇快要熟透时，将油菜放入锅中一起翻炒几下，然后捞出装盘。

三、家常豆腐（图 3-25）

图 3-25　家常豆腐

主料：豆腐、猪肉。

辅料：蒜、尖椒、红菜椒、木耳、猪油（炼制）、料酒、盐、豆瓣辣酱、味精各适量。

制作：

1. 豆腐切成 1 厘米厚的三角形，装盘，用盐腌制，沥去水分。
2. 猪肉切片。
3. 尖椒、红菜椒切块，蒜切末。木耳泡发好，择好洗净。
4. 热锅放猪油，烧至 8 成热下入豆腐，两面都煎黄后取出。
5. 再加一点儿猪油，加入蒜末炒香，下入猪肉片炒熟，加入料酒、豆瓣辣酱炒香。
6. 然后加入尖椒、木耳、豆腐、盐、味精和水，焖熟即可食用。

四、西红柿炖豆腐（图 3-26）

图 3-26　西红柿炖豆腐

主料：西红柿、豆腐、猪肉。
辅料：盐、鸡精、油、葱各适量。
制作：
1. 西红柿切丁，猪肉切成片。切葱花备用。
2. 锅内放少许油，油热后，加入葱花爆香，再加入肉片煸炒。
3. 肉色变白时，加入西红柿丁，继续煸炒。
4. 西红柿炒出汤汁后，加入豆腐和适量清水，这时放入盐、鸡精，盖上锅盖。
5. 大约 20 分钟，西红柿汁炖入豆腐里即可起锅食用。

实训指导十

一、土豆炖肉（图 3-27）

图 3-27　土豆炖肉

主料：土豆、五花肉。
辅料：葱、盐、鸡精、大料、酱油、花椒、红辣椒各适量。
制作：
1. 土豆洗净去皮切成块，五花肉切成小块。切葱花备用。
2. 锅内倒油烧热，放入肉块翻炒，加大料、花椒。
3. 待炒至肉块变色时，放入土豆、红辣椒，加适量开水（没过食材即可）、盐、酱油。
4. 待汤汁收好时放鸡精调味，出锅撒上葱花即可食用。

二、大烩菜（图 3-28）

主料：肉丸子、五花肉、土豆、豆腐、豆角、白菜。
辅料：粉条、姜、蒜、葱、花椒粉、盐、酱油、醋、鲜汤各适量。
制作：
1. 将五花肉切片。粉条泡好。
2. 土豆、豆腐切块。豆角切段。白菜切片。姜、蒜切末。切葱花备用。

3. 锅烧热加油，放入葱花、姜末、蒜末爆香，再加入五花肉片。

4. 向锅内加入白菜片、豆角段、肉丸子，一起翻炒，并加入花椒粉、盐、酱油、醋等辅料，再加入鲜汤，炖约20分钟。

5. 待菜快熟时，加入豆腐块和粉条，炖5分钟，搅拌均匀起锅，撒葱花即可食用。

图3-28　大烩菜

三、蒜蓉粉丝娃娃菜（图3-29）

图3-29　蒜蓉粉丝娃娃菜

主料：娃娃菜、粉丝。

辅料：红辣椒、蒜、海鲜酱油、鸡粉、盐各适量。

制作：

1. 洗净娃娃菜叶，竖着切成小条状，呈扇形摆盘。
2. 锅中放入适量水，煮沸，将娃娃菜蒸熟。
3. 用开水浸泡粉丝3分钟，放入沸水中焯一下，再过凉。摆放在娃娃菜的中间。
4. 准备大量蒜瓣，将其剁成蒜蓉。红辣椒切成末。
5. 热锅加入油，放入蒜蓉、红辣椒末爆香，加一点儿水、海鲜酱油、鸡粉及盐调味。

6. 将调好的蒜蓉辣椒汁，淋在娃娃菜和粉丝上即可食用。

四、椒盐虾（图 3-30）

图 3-30 椒盐虾

主料：海虾。

辅料：盐、红辣椒、油、五香粉、葱、法香、青椒、红菜椒各适量。

制作：

1. 用水洗净鲜活虾，先剪虾须、虾枪。
2. 用中火烧热炒锅，放入盐，炒至有响声时，倒入五香粉并拌匀即成椒盐备用。
3. 红辣椒切成小丁，切葱花备用。
4. 用旺火烧热炒锅，放入油，烧至 5 成热，下海虾炸至 8 成熟，捞出沥油。
5. 炒锅中放入适量油，加入葱花和红辣椒丁爆香，再放入海虾略煎片刻，煎熟后装盘，撒上椒盐，也可将椒盐放入单独的小碟里。
6. 可根据个人喜好在盘子的周围用法香、青椒或红菜椒块做一些点缀，使菜肴更具美感。

第 5 节 家庭热菜的用料及制作方法（五）

一、尖椒肉丝（图 3-31）

主料：尖椒，猪肉丝。

辅料：红菜椒、葱、姜、糖、盐、胡椒粉、淀粉、鸡粉各适量。

制作：

1. 猪肉丝加糖、盐、淀粉、胡椒粉、鸡粉及少量水拌匀。
2. 尖椒、红菜椒切成丝，姜切末。切葱花备用。
3. 将锅中油烧热，下葱花、姜末爆香，下肉丝炒散，再放入尖椒、红菜椒丝翻炒几

下，待快熟时加入盐和鸡粉炒匀，即可出锅。

图 3-31　尖椒肉丝

二、孜然肉片（图 3-32）

图 3-32　孜然肉片

主料：猪里脊。

辅料：香菜、洋葱、盐、料酒、淀粉、味精、辣椒粉、孜然粉、花椒面、白芝麻各适量。

制作：

1. 猪里脊切片，加入料酒、淀粉、盐，抓匀后腌制片刻。
2. 将洋葱切成条，在盘底铺一层。
3. 热锅中倒入油，油热之后放入孜然粉、花椒面爆香。
4. 下入肉片大火快速翻炒，炒至肉散开变色。
5. 加入白芝麻、盐，翻炒至入味后，撒上一点儿香菜和味精即可出锅。
6. 把炒熟的肉片倒入装好洋葱的盘子里，撒辣椒粉即可食用。

三、葱爆羊肉（图 3-33）

主料：大葱、羊肉。

辅料：蒜、盐、酱油、白醋、味精、糖、淀粉各适量。

图 3-33　葱爆羊肉

制作：

1. 用酱油、味精、淀粉抓拌羊肉，腌 10 分钟后倒出多余汁，沥干。

2. 大葱洗净切段，蒜洗净切片。

3. 锅中加油，烧热，倒入羊肉爆炒 1 分钟，盛出。

4. 另起锅，加油，放入大葱段、蒜片，煸 2 分钟至飘出香味，将炒过的羊肉入锅一同翻炒，并加入白醋、糖、盐。

5. 用淀粉加水勾芡，盛出即可食用。

实训指导十一

一、葱爆腰花（图 3-34）

图 3-34　葱爆腰花

主料：猪腰。

辅料：蒜苗、干辣椒、蒜、姜、酱油、糖、白醋、淀粉、花椒、胡椒粉、香油、味

精、油各适量。

制作：

1. 猪腰洗净去膜，平刀对半切开，除去中间的筋，然后浸泡在清水里（加几粒花椒）3～4小时，除去臊味。

2. 将泡好的猪腰用十字花刀横切为2.5厘米宽的腰花块。

3. 蒜苗切段，蒜、姜切末，干辣椒切块。

4. 用酱油、糖、蒜末、姜末、干辣椒块、味精、胡椒粉、香油、白醋和淀粉调成调汁待用。

5. 锅置旺火上，热锅倒入油待8成热时，倒入切好的猪腰花，爆炒后倒入漏勺沥干油。

6. 锅留余油，回置旺火上，倒入已调好的调汁，沿同一方向搅拌，立即倒入猪腰、蒜苗、味精翻炒均匀即可装盘。

二、干炸带鱼（图3-35）

图3-35　干炸带鱼

主料：带鱼。

辅料：葱、姜、花椒粉、大料粉、淀粉、盐、油各适量。

制作：

1. 姜切末。切葱花备用。

2. 将带鱼去肠、去头和尾、刮鳞洗净后切成5厘米长的段，然后用姜末、花椒粉、大料粉、盐腌制一下，淀粉调水挂浆。

3. 锅中放油烧热，取出带鱼段，逐个下入油锅，慢火炸至两面金黄时，捞出装盘，再撒上一点儿葱花即可食用。

4. 可根据个人喜好用花椒粉和盐做成椒盐，蘸着吃味道更好。

三、西红柿炒鸡蛋（图3-36）

主料：西红柿、鸡蛋。

辅料：青椒、红菜椒、葱、盐、糖、鸡精各适量。

图 3-36　西红柿炒鸡蛋

制作：

1. 把鸡蛋打匀，加少许盐。

2. 西红柿、青椒、红菜椒切块。切葱花备用。

3. 锅烧热，加入油，烧至 6～7 成热，放入鸡蛋液，不停翻炒，直到凝固成鸡蛋块儿，装盘。

4. 重新在锅里倒上油，等油温至 6～7 成热时，放入葱花爆香。

5. 加入西红柿块、青椒块和红菜椒块翻炒，用盐、糖调味。

6. 待快熟时，加入鸡蛋和鸡精翻炒出锅。

四、摊鸡蛋（图 3-37）

图 3-37　摊鸡蛋

主料：鸡蛋。

辅料：葱、盐、油各适量。

制作：

1. 切葱花备用。

2. 把鸡蛋打入碗中，加入盐、葱花，不停搅拌蛋液。

3. 在平底锅中倒入油，油热后，倒入蛋液，待鸡蛋边角开始凝固后，转小火。

4. 颠勺翻面，待两面熟透后装盘。

第6节　家庭热菜的用料及制作方法（六）

一、蒸水蛋（图3-38）

图3-38　蒸水蛋

主料：鸡蛋。

辅料：葱、盐、酱油、鸡精、香油各适量。

制作：

1. 切葱花备用，将鸡蛋打入碗中。
2. 在鸡蛋液中加入适量温水。
3. 蛋液中加入盐、香油、鸡精，搅匀调味后，用筷子沿顺时针方向搅拌5分钟。
4. 锅内放入适量水，烧开，放入蛋液并盖上锅盖，隔水小火蒸15分钟。
5. 取出蒸好的水蛋，撒上葱花，加入适量酱油即可食用。

二、茄子烧豆角（图3-39）

图3-39　茄子烧豆角

主料：豆角、茄子。

辅料：干辣椒、油、蚝油、鸡精、盐、香油各适量。

制作：

1. 茄子、豆角切成5厘米长的段，干辣椒切块。

2. 锅中放油，6成热后下入茄子、豆角，炸成金黄色后，捞出备用。

3. 锅热后放少许油，加干辣椒段炒香，下入茄子、豆角继续翻炒，加入蚝油、盐、鸡精调味，最后淋香油装盘即可。

三、粉蒸肉（图3-40）

图3-40　粉蒸肉

主料：带皮五花肉。

辅料：葱花、香菜、盐、米粉、甜面酱、糖、淀粉各适量。

制作：

1. 把五花肉皮刮净，切成10厘米长、0.5厘米厚的薄片。

2. 香菜切段。切葱花备用。

3. 肉中加入适量米粉、甜面酱、糖、淀粉、盐，搅拌均匀。

4. 在笼蒸上蒸1个小时左右，扣盘即成，出锅后撒葱花和香菜。

四、糖醋鱼（图3-41）

图3-41　糖醋鱼

主料：草鱼。

辅料：青椒、红辣椒、葱、姜、蒜、松子仁、料酒、胡椒粉、番茄酱、糖、醋、盐、淀粉、油各适量。

制作：

1. 草鱼去鳞、去腮、去内脏，洗净。用刀在鱼身上大约每隔 3 厘米左右向下切 0.5 厘米，然后向鱼头方向斜切一刀。

2. 葱切丝，姜切片，蒜切末。青椒、红辣椒切小丁。

3. 在鱼身上及腹腔均匀地抹上料酒、胡椒粉和盐，把葱丝、姜片放入鱼肚内腌制 20 分钟。

4. 将淀粉加水调成淀粉糊，淀粉糊不要太稀。将淀粉糊用手抹在鱼身上，切开的地方要涂抹到位。

5. 锅内烧热油，7 成热时一手拎着鱼尾巴，一手用勺子将油浇在切花刀的地方，直到鱼肉外翻定形。

6. 将鱼放入锅中，小火炸至鱼熟。尽量不要翻面，防止鱼折断，可以用勺子将热油不断浇在鱼上。

7. 调高油温，将鱼再次放入锅中大火炸一下，将外皮炸酥后放入盘中。

8. 锅内留少许油，下入青椒丁、红辣椒丁、蒜末、松子仁翻炒一下。

9. 将番茄酱放入锅内略炒，倒入适量开水，加入糖、醋和盐。

10. 糖醋汁烧开后加入适量的淀粉烧至浓稠，可以稍加一些熟油使汤汁油亮。

11. 将糖醋汁均匀地浇在鱼身上即可。

实训指导十二

一、辣子鸡（图 3-42）

图 3-42　辣子鸡

主料：鸡肉。

辅料：花椒、干红辣椒、葱、熟芝麻、盐、味精、料酒、油、姜、蒜、糖各适量。

制作：

1. 将鸡切成小块，放盐和料酒拌匀，放入8成热的油锅中炸至外表变干呈深黄色后，捞起待用。

2. 干红辣椒和葱切成小段，姜、蒜切片。

3. 锅内油烧至7成热，倒入姜、蒜片炒出香味后倒入干红辣椒和花椒，翻炒出香味，油变黄后倒入炸好的鸡块翻炒，加入葱段、味精、糖、盐、熟芝麻，炒匀后起锅即可。

二、清蒸鱼（图3-43）

图3-43　清蒸鱼

主料：鱼。

辅料：葱、姜、蒸鱼豉油、盐、油、胡萝卜各适量。

制作：

1. 胡萝卜、葱切丝，姜切片。

2. 将鱼处理干净，内外抹盐，在鱼身上划几刀。在鱼肚内放入姜片和葱丝。

3. 上热锅蒸10分钟左右（可依据鱼的大小和厚度调整时间）。

4. 倒掉盘中蒸出来的汤汁，去掉鱼肚里的姜和葱，再撒上切好的葱丝、胡萝卜丝。

5. 另起炒锅，将油烧热，加入蒸鱼豉油，再淋到鱼身上即可。

三、红烧鸡翅（图3-44）

主料：鸡翅。

辅料：姜片、葱花、香菜、红辣椒、花椒、大料、盐、糖、料酒、醋、淀粉、鸡精各适量。

制作：

1. 把鸡翅放入烧开的水中。

2. 加入葱花、姜片、花椒、红辣椒、大料、盐，小火慢炖。

3. 将炖熟的鸡翅捞出沥干。

4. 用盐、糖、料酒、鸡精和少许醋做成调汁。

5. 锅中加油，油热后将沥干的鸡翅烹炸至金黄色，倒入调汁，加少许水，用文火炖5分钟左右。

6. 淀粉加水勾芡，加少许香菜段即可出锅。

图3-44　红烧鸡翅

四、冬瓜炖排骨（图3-45）

图3-45　冬瓜炖排骨

主料：冬瓜、排骨。

辅料：姜、香油、盐、味精各适量。

制作：

1. 排骨洗干净，热水中焯一下去血水，捞出，沥干水分。

2. 姜洗净拍松。

3. 冬瓜切块。

4. 砂锅中放入清水，加入排骨、姜，用大火烧开后，用小火煲40分钟，待排骨熟透后加入冬瓜块。

5. 冬瓜煮熟后，加入盐、味精、香油即可食用。

第 4 章

家庭餐饮的制作·面食

学习目标

1. 了解家庭餐饮及各种面食的特点。
2. 熟悉各种面食的用料及各餐营养价值的搭配。
3. 掌握各种面食的制作方法。

第 1 节　家庭面食·煮制面食的用料及制作

一、刀削面（图 4-1）

刀削面起源于 12 世纪的山西太原，内虚外筋，柔软光滑，易于消化，与抻面、拨鱼、刀拨面并称为“山西四大面食”。与北京的炸酱面、武汉的热干面、四川的担担面、兰州的拉面、陕西的臊子面一同被誉为中国六大特色面食。

刀削面的辅料（俗称“浇头”或“调和”）也是多种多样的，有番茄酱、肉炸酱、羊肉汤、金针木耳鸡蛋打卤等，并配上黄瓜丝、韭菜花、绿豆芽、煮黄豆、蒜末、辣椒面等，再滴上点儿老陈醋，十分可口。

图 4-1　刀削面

主料：面粉、猪肉。

辅料：胡萝卜、香菜、油、香叶、八角、干红辣椒、豆瓣酱、花椒、姜、蒜、葱、

生抽、陈醋、盐各适量。

制作：

1. 面粉放在和面盆里，用筷子或手在面粉中间扎个小洞。往小洞里倒入适量清水。两手掌心相对，手指末端插入到面粉与盆壁接触的外围边缘。用手由外向内、由下向上把面粉挑起。将挑起的面粉推向中间小洞的水里。

2. 用手在小洞位置搅拌一下，把覆盖在水上的面粉和水搅拌均匀，形成雪花状的面絮。

3. 在剩余干面粉上扎个小洞，分次倒入适量的清水。

4. 把干面粉与清水搅拌均匀，形成雪花状面絮，周围有少许干面粉。

5. 用手把雪花状面絮揉合在一起，然后再一点一点地往干面粉上掺入少量的清水。

6. 用手揉成表面粗糙的面团，盖上一块湿布，放在一边30分钟后再揉，直到揉匀、揉软、揉光。如果揉面功夫不到位，削时容易粘刀、断条。

7. 待水烧开后，用刀将面削入水中煮熟（一般不使用菜刀，要用特制的弧形削刀。操作时左手托住揉好的面团，右手持刀，手腕要灵，出力要平、要匀，对着汤锅，一刀赶一刀，削出的面叶儿要一叶连一叶）。

刀削面辅料的制作：

1. 将切好的猪肉丁放入油锅中，煸炒至金黄色（可根据个人喜好先放入豆瓣酱炒出红油，再放入猪肉丁煸炒）。

2. 姜、葱、蒜切末放入锅里，炒出香味。

3. 放入花椒水、胡萝卜丁、生抽、陈醋、盐。

4. 锅里加入足量的水，没过猪肉丁表面，放入八角、干红辣椒、香叶等香料。

5. 盖好锅盖，大火煮到水开，用勺子把浮沫撇掉，转中小火卤制。

6. 大约20分钟，放入已煮好的刀削面，出锅后撒上一点儿香菜即可食用。

二、饺子（图4-2）

图4-2　饺子

主料：面粉、猪肉馅。

辅料：韭菜、葱、姜、蒜、盐、胡椒粉、生抽、麻油各适量。

制作：

1. 将面粉与水和成面团。

2. 将面团分成小块，擀成饺子皮。

3. 葱、姜、蒜切成末，韭菜切成小丁，放入猪肉馅里。

4. 再加入盐、胡椒粉、生抽、麻油等调味料调成馅料。

5. 每张饺子皮包入馅料少许，捏成饺子。

6. 水烧开，下入饺子，煮至浮起，反复点水两次后捞出即可食用。

三、馄饨（图 4-3）

馄饨早在西汉时期已经问世，南北朝时期已十分普遍，唐、宋、元、明、清历朝都有记载。1400 年以前馄饨出现在北京，目前已成为中国南北方地区流行的面食。馄饨分为南派、北派。南派往往皮薄馅少，汤料精致，加虾皮、榨菜末，清鲜不腻，还有一种用荠菜和肉包的大馄饨。北派来自安徽，汤浓味厚，汤锅里总煮着几块大骨头，加点鲜红的辣椒油、青绿的葱末，再撒上胡椒粉，香鲜味美。

图 4-3　馄饨

主料：面粉、猪肉馅。

辅料：香菇、胡萝卜、葱、姜、蒜、酱油、盐、油、虾皮、醋、香菜各适量。

制作：

1. 将面粉与水和成面团。

2. 将面团分成小块，擀成馄饨皮，也可买现成的馄饨皮。

3. 葱、姜、蒜切成末，胡萝卜和香菇切成小丁，放入猪肉馅里。

4. 再加入盐、酱油、醋、油等调味料调成馅料。

5. 每张馄饨皮包入馅料少许，捏成馄饨。

6. 水烧开，下入馄饨，煮至浮起，即可捞出。

7. 碗里放入葱末、虾皮、醋、盐调味，加入馄饨汤，把捞出的馄饨放入碗内即可食用。根据个人口味可适量加入香菜等。

四、热干面（图 4-4）

主料：面条。

图 4-4　热干面

辅料：榨菜、酸豆角、葱、红辣椒、辣椒酱、香油、芝麻酱、老抽、生抽、盐适量。

制作：

1. 面条加一汤匙香油并拌匀。

2. 入蒸锅，大火蒸 10 分钟，蒸好的面条用筷子抖散晾凉。

3. 将榨菜、酸豆角、葱切碎。

4. 喜欢吃辣的，可以在榨菜和酸豆角里拌入红辣椒或辣椒酱。

5. 最后，在芝麻酱里加入香油、老抽、生抽、盐，拌匀。晾凉的面条重新放入锅中，煮大约 1 分钟（熟了即可，不要煮太软）。捞出后盛入碗中，浇上拌好的酱汁，撒上榨菜、酸豆角和葱，趁热拌匀即可食用。

实训指导十三

一、老北京炸酱面（图 4-5）

图 4-5　老北京炸酱面

主料：面条、五花肉馅。

辅料：黄豆酱、辣椒酱、葱、绿豆芽、黄瓜、老抽、油各适量。

制作：

1. 把老抽和黄豆酱倒入大碗内，加入 150 毫升清水，用筷子慢慢调匀。

2. 将绿豆芽洗净，用热水焯熟后备用。黄瓜切丝。再切一点儿葱花。

3. 炒锅烧热，油热后放入葱花翻炒半分钟，倒入五花肉馅翻炒至变色，然后倒入调匀的黄豆酱，可根据个人喜好加入一些辣椒酱，用小火慢慢翻炒 7～8 分钟即可。

4. 把面条煮熟，装入碗内，再放一些黄瓜丝和绿豆芽，再倒入酱汁即可食用。

二、西红柿鸡蛋面（图 4-6）

图 4-6　西红柿鸡蛋面

主料：西红柿、鸡蛋、面条。

辅料：油、盐、葱、蒜、酱油、醋、糖、鸡精各适量。

制作：

1. 西红柿洗净，切丁。蒜切片。再切一点儿葱花。

2. 把鸡蛋打在碗中，充分搅拌蛋液。

3. 锅烧热放油，倒入鸡蛋液炒熟盛出。

4. 在锅里再放一点儿油，放入葱花、蒜片炒香，加入已切好的西红柿继续翻炒。

5. 在锅里加入适量酱油、醋、盐、糖、鸡精和少量水，然后加入炒好的鸡蛋，待熟后装在大碗里。

6. 另起锅加水烧开，将面条煮熟放入碗内，再拌着西红柿鸡蛋卤即可食用。

三、油泼面（图 4-7）

主料：面粉、小白菜。

辅料：葱、酱油、醋、糖、盐、味精、辣椒面、油各适量。

制作：

1. 和面，揉面，擀面，切面（切成二指宽的面片）。

2. 将小白菜焯熟。

3. 切一点儿葱花。

4. 锅内烧开水，下面煮熟。待面熟后，捞出放入碗里，并放入焯熟的小白菜，在面上撒些葱花，再加入糖、辣椒面、盐和味精。

5. 在锅中倒入适量油，待油热后，浇在面条上，用筷子迅速搅匀。

6. 淋一些酱油、醋，搅匀即可食用。

图 4-7　油泼面

四、酸汤面（图 4-8）

图 4-8　酸汤面

主料：面条。

辅料：香菜、姜、蒜、葱、红辣椒、花椒面、黄酒、米醋、香油、盐各适量。

制作：

1. 葱、姜、蒜、红辣椒切成小丁，香菜切成小段。

2. 锅烧热放油，待油热了以后，加入姜、蒜、葱、红辣椒爆炒，闻到香味后，加入米醋、黄酒、水、盐、花椒面，等水开了以后，大火煮 3 分钟即可关火。

3. 另起锅煮面条，5～8分钟后将面条捞出。

4. 把面条捞在碗里，再倒入已经做好的酸汤，加一点儿香油和香菜即可食用。

第2节　家庭面食·蒸、炸、烙面食的用料及制作

一、花卷（图4-9）

图4-9　花卷

主料：面粉。

辅料：酵母粉、葱、油、盐各适量。

制作：

1. 把面粉和酵母粉和好，用蘸湿的纱布盖住，放置10分钟左右。

2. 用擀面杖将面团擀成2毫米厚的长方形面饼。

3. 将油均匀地涂抹在面饼上，再撒上盐和切好的葱花。

4. 取长方形面饼的短边开始慢慢卷起，直到卷完，接口处用手捏一下面团进行封口。

5. 将卷好的面团封口朝下放置，用刀背先将面团标记10等分的刻度线，然后再一个个切开备用。

6. 取一个切好的面团，将其横放，用筷子在面团的中心线处轻轻压到底，再用手拿住面团两端翻转后轻轻将两端捏在一起即可，依次做完剩下9个。

7. 将整好形的花卷放在烘焙纸上，盖上保鲜膜，醒10分钟。

8. 醒发完毕，蒸锅水沸后蒸8分钟即可。

二、包子（图4-10）

（一）包子馅制作

1. 肉包子馅

主料：猪肉馅（或羊肉馅、牛肉馅）。

辅料：葱、姜、酱油、香油、油、盐、鸡精各适量。

制作：把葱和姜都切成末，并和肉馅放在一起，再倒入酱油、香油、油、盐、鸡精搅匀即成为包子馅。

图 4-10　包子

2. 三鲜包子馅

主料：猪肉馅、鲜虾仁、鸡蛋、白菜心、香菇。

辅料：葱、姜、盐、香油、料酒各适量。

制作：鲜虾仁、白菜心、香菇切碎。葱、姜切末。鸡蛋炒成块状。在猪肉馅里加入已切好的鲜虾仁、白菜心、香菇碎，再加入盐、香油、料酒，搅拌均匀后即可。

（二）包子皮的做法

主料：面粉。

辅料：酵母粉、小苏打各适量。

制作：

1. 面粉加入酵母粉和水，搅成雪花状，再揉。
2. 揉至面团表面光滑为止。
3. 室温发酵，发酵好的面团加入适量小苏打。
4. 将面团分割成小块，揉成长条形。
5. 再将面团分割成若干拳头大小的小圆形、按扁。
6. 用擀面杖擀成包子皮。

（三）包子的做法

1. 在包子皮内放入馅。
2. 提起一端捏褶。
3. 边捏边用左手收拢。
4. 蒸屉抹油，放入包子后醒发 15 分钟。
5. 冷水煮沸，中大火蒸 12 分钟即可。

三、千丝烙饼（图 4-11）

图 4-11　千丝烙饼

主料：面粉。

辅料：油、盐各适量。

制作：

1. 将面粉放入盆里，倒入适量水（冬季、春季、秋季用 60～70℃热水，夏季用温水），用筷子搅匀。

2. 取 1/2 面团在案板上揉整齐，撒上面粉用擀面杖擀开。

3. 在面团上刷油，撒盐和少许面粉卷起来盘成螺旋形，再轻轻擀成 5 毫米厚的饼。

4. 上鏊子烙，待皮定住后翻过来，将两面刷上油，烙 2～3 分钟后呈金黄色即可食用。

四、油条（图 4-12）

图 4-12　油条

主料：面粉。

辅料：酵母粉、盐、小苏打、油各适量。

制作：

1. 将酵母粉、盐、小苏打放入温水中溶解，加入面粉揉成面团，醒 20 分钟。

2. 将面团抹油揉匀，再醒 20 分钟，如此 3 次，使面团呈柔软滑润的状态。
3. 将揉好的面团放到温暖处发酵至两倍大。
4. 将面团擀成 0.5 厘米厚的面饼，醒 15 分钟。
5. 切成两指宽的条，两条重叠，中间用筷子压到一起，捏住两端拉长。
6. 油锅加热，放入油锅中炸至金黄色即可捞出。

实训指导十四

一、白发糕（图 4-13）

图 4-13　白发糕

主料：小米面、玉米面。

辅料：酵母粉、葡萄干、红枣干各适量。

制作：

1. 将小米面、玉米面按 4∶1 比例混合，把酵母粉用温水化开和入面粉中，呈厚糊状（一定要厚，达到很难倾倒出来的感觉，不然蒸出来中间会比较黏）。
2. 将面糊倒入硅胶模中（一半就好）。
3. 盖上盖儿，放于温暖处，发酵到两倍大。
4. 撒上葡萄干、红枣干，大火蒸 30 分钟。
5. 取出晾凉后脱模即可。

二、南瓜饼（图 4-14）

主料：南瓜、糯米粉。

辅料：油、糖各适量。

制作：

1. 将南瓜去皮切片放在蒸笼里，大火蒸 30 分钟。
2. 蒸熟的南瓜趁热用勺子压成南瓜泥，并拌入适量糖。

3. 准备适量的糯米粉，南瓜泥和糯米粉的比例是1∶1，要一点一点地加入糯米粉。
4. 和成南瓜面团，不粘手即可，把面团分成若干小块，揉圆。
5. 把面团压扁，锅内放少许油，将南瓜饼煎至两面金黄即可。
6. 完成后把油沥干。

图4-14　南瓜饼

三、鸡蛋煎饼（图4-15）

图4-15　鸡蛋煎饼

主料：面粉、鸡蛋。
辅料：葱、胡萝卜、韭菜、盐、油、花椒粉各适量。
制作：
1. 将葱和韭菜切成末，胡萝卜切成丝。
2. 面粉加入清水搅拌均匀调成面糊。
3. 在搅好的面糊里加入鸡蛋，继续搅拌均匀。
4. 加入葱末、韭菜末和胡萝卜丝，放入盐、花椒粉搅拌均匀。
5. 在平底锅里放少许油，油热后，把鸡蛋糊用勺舀入，晃动平底锅使面糊铺开呈圆形。

6. 把握火候煎制，等鸡蛋糊凝固成形才能翻面，不然就会破掉。
7. 一面煎好后，用铲子从边缘铲起翻面。
8. 两面都煎好即可出锅食用。

第3节　家庭面食·吕梁特色面食的用料及制作

吕梁人采用抽、揪、切、削、拨、剔、搓、压、抿等方法，创造了极为丰富的面食，以面料而论，有五香面、山药面、白面、红面、荞面；以形态而论，有龙须面、刀削面、剔尖、猫耳朵、漏鱼、河捞、抿尖、掐疙瘩等；以浇头论，有鸡蛋面、菠菜面、臊子面、烩菜面、浇肉面；以面食场合论，有长寿面、拉面、扯面、阳春面等。

前面已经介绍的面食在本节中就不再赘述，这里介绍几种常见的吕梁特色面食。

一、豆角焖面（图4-16）

图4-16　豆角焖面

主料：手擀面、豆角。

辅料：蒜、葱、酱油、盐各适量。

制作：

1. 切一点儿葱花和蒜末。
2. 油锅里炒香葱花、蒜末。
3. 加入豆角翻炒，再加入酱油、盐，炒制3～4分钟。
4. 炒香后加入水（浸过豆角即可）。
5. 等水开后把面条铺在豆角上。
6. 盖上锅盖，焖5～6分钟（中间要翻动面条一次）即可食用。

二、揪片（图4-17）

主料：面粉、鸡蛋。

辅料：油菜适量。

制作：

1. 将面粉放入和面盆中。

2. 加入鸡蛋和水，和成面团，醒 20 分钟。
3. 将面团放到案板上来回揉数次，直到揉成光滑的面团。
4. 用擀面杖擀开后切成长条。
5. 揪成比指甲盖略大的面片。
6. 水开后下锅连同油菜一起煮熟。
7. 捞出后，可根据个人喜好拌入一些酱料或自制卤汁即可食用。

图 4-17　揪片

三、炒不烂子（图 4-18）

图 4-18　炒不烂子

主料：土豆、面粉。
辅料：葱、盐、味精、蒜、韭菜、胡萝卜、红菜椒、青椒、油各适量。
制作：
1. 切一点儿葱花和蒜末。将红菜椒和青椒洗净切丝，韭菜洗净切段。

2. 将土豆、胡萝卜洗净，削皮，用擦菜板擦成土豆丝和胡萝卜丝。
3. 将适量面粉撒在土豆丝和胡萝卜丝上，然后搅拌均匀。
4. 蒸笼上铺屉布，将土豆丝和胡萝卜丝在大火上蒸制10分钟。
5. 炒锅放油，将葱花、蒜末在油锅里炝一下，然后加入蒸熟的土豆丝和胡萝卜丝翻炒。
6. 再加入韭菜段、红菜椒和青椒丝一起翻炒，撒上盐和味精，搅拌均匀即可出锅。

实训指导十五

一、莜面栲栳栳（图4-19）

图4-19　莜面栲栳栳

主料：莜面。
辅料：水适量。
制作：
1. 莜面放入盆中，边倒滚烫的开水边搅拌。
2. 搅拌成许多小面絮后稍微晾一下。
3. 和成面团，软硬和饺子面差不多就行。
4. 搓成直径2厘米的条。
5. 揪一个小面团，大约5克。
6. 用手的大鱼际按住往前推。
7. 推出大约8厘米长的面片。
8. 用食指和中指夹住。
9. 往里一甩，顺势捏一下。
10. 立着摆好。
11. 依次做好所有的栲栳栳，放入蒸锅，水开后蒸5分钟即可。
12. 蒸好的栲栳栳可蘸着醋汁、蒜汁、番茄酱，凉吃、热吃均可，还可以和猪肉片、干土豆片及其他辅料炒着吃。

二、猫耳朵（图 4-20）

图 4-20　猫耳朵

（一）莜面猫耳朵

主料：莜面。

辅料：热水适量。

制作：将莜面用热水和好，用湿布把面团盖好，趁热制作。将面团切成条状后再切成指节大小的颗粒状，用右手食指和拇指推碾成猫耳朵状，更加美观。推好后上笼蒸熟，下笼后调以醋、番茄酱蘸着吃。还可以和菠菜、豆芽、蒜薹、猪肉片、干土豆片及其他辅料炒着吃。

（二）白面猫耳朵

主料：精面粉。

辅料：水适量。

制作：先将精面粉倒进盆里，用水和面（冬季用温水，春季、夏季、秋季用冷水），把揉匀揉光的面团放在案板上，撒上面粉，用擀面杖擀成约 2 厘米厚的面饼，切成约半厘米大小的剂头，再撒一次面粉，滚均匀。然后用拇指相对按住面块，一下一下往前推，推成形如猫耳朵状即可。抖去面粉，下到热水锅中煮熟捞起，浇上各种荤素卤汁即可食用，或配黄豆、香菇、木耳、黄花菜、扁豆、土豆、大白菜、西红柿、黄瓜、金针菇、腐竹、平菇、鸡蛋等各种辅料炒食。

（三）荞面猫耳朵

主料：荞面。

辅料：水适量。

制作：除夏季外，一般都用温水和面。把面团揉匀揉光，稍醒后搓成指头粗的圆条，撒上面粉，用左手拇指与食指夹住圆条，用右手揪成指甲盖大的小剂子，然后放在左手掌上，用右手拇指推成一个一个小卷，形状同猫耳朵一般。锅开后，抖去面粉煮熟，捞出后浇上卤汁即可食用。

三、包皮面（图 4-21）

图 4-21　包皮面

主料：白面粉、粗粮面（高粱面、豆面、莜面、荞面）。

辅料：荤素卤汁或荤素配料各适量。

制作：

1. 将白面粉放入盆内，加水和成面团，揉匀揉光。

2. 粗粮面另放一盆，将开水浇入面内，用筷子搅匀，揉光，软硬程度要与白面团相适宜。

3. 将白面团在案板上揉匀按扁，包入粗粮面团呈圆球形，再按扁，用擀面杖擀成约 3 毫米厚的面片，再用刀划成 16 厘米宽的长条，然后横切成约 3 毫米宽的面条，投入开水锅内煮熟捞出即可食用。

4. 食时一般浇配各种荤素卤汁，以盖浇为主。荞面包皮则配以各种荤素配料炒制食用。

第5章 家庭餐饮的制作·汤类

学习目标

1. 了解家庭餐饮及各种汤类的特点。
2. 熟悉各种汤类的用料及各餐营养价值的搭配。
3. 掌握各种汤类的制作方法。

第1节 家庭汤类用料及制作（一）

一、西湖牛肉羹（图5-1）

图5-1 西湖牛肉羹

主料：瘦牛肉馅、豆腐、鸡蛋。

辅料：香菜、葱、胡萝卜、胡椒粉、盐、味精各适量。

制作：

1. 把瘦牛肉馅放入沸水中煮熟，捞出。
2. 豆腐切成丁，香菜、胡萝卜、葱洗净切末。
3. 取鸡蛋清备用。
4. 往锅中倒入清水，放入牛肉馅、豆腐丁、胡萝卜末后煮15分钟左右，调入盐、味精，再倒入鸡蛋清、葱末、香菜末、胡椒粉搅拌均匀即可食用。

二、清炖排骨汤（图 5-2）

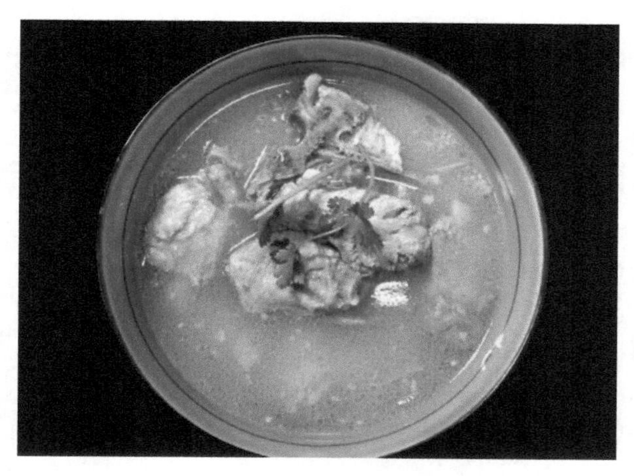

图 5-2　清炖排骨汤

主料：猪排骨。

辅料：盐、味精、料酒、葱、姜、大料、香菜各适量。

制作：

1. 将葱洗净后切段，姜切片备用。

2. 将排骨剁成 4 厘米长的段，用开水烫透后，再用清水洗净。

3. 将排骨放入锅内，加入清水，烧开后放入葱段、姜片、大料、盐、料酒、味精，转微火炖约 1.5 小时。

4. 待排骨熟后，加入适量香菜即可食用。

三、西红柿豆腐汤（图 5-3）

图 5-3　西红柿豆腐汤

主料：西红柿、豆腐。

辅料：葱花、油、盐、糖、味精各适量。

制作：

1. 将豆腐切成块，焯水。西红柿切成小块。
2. 炒锅放油，油热之后放入西红柿块，翻炒过油之后加糖。
3. 倒入豆腐块，加开水，煮约5分钟，待豆腐充分入味儿，撒上盐、味精和葱花，关火盛入汤盆即可食用。

实训指导十六

一、拌汤（图5-4）

图5-4　拌汤

主料：面粉、小白菜、香菇、胡萝卜、鸡蛋。

辅料：酱油、盐、葱、鸡精各适量。

制作：

1. 将半碗面粉加入适量清水，搅拌成小疙瘩。
2. 把小白菜洗净切块，香菇、胡萝卜洗净切丁。再切一些葱花备用。
3. 锅烧热加入油，放一点儿葱花爆香，再加入小白菜块、香菇丁和胡萝卜丁进行翻炒，加入酱油、盐，炒3分钟后倒入热水。
4. 水开后倒入搅好的面疙瘩。
5. 把鸡蛋打入碗中，搅拌均匀，再倒入锅中，锅开3分钟后，加入鸡精，即可出锅。

二、冬瓜丸子汤（图5-5）

主料：猪肉馅，冬瓜。

辅料：鸡蛋、料酒、姜末、姜片、葱花、盐、鸡精、枸杞、香油各适量。

制作：

1. 冬瓜削去绿皮，切成约0.5厘米厚的薄片。
2. 取鸡蛋的蛋清放入碗中备用。

3. 猪肉馅放入大碗中，加入蛋清、姜末、葱花、料酒、盐，然后搅拌均匀。

4. 锅内加水烧开，放入姜片，调为小火，把猪肉馅挤成个头均匀的肉丸子，随挤随放入锅中，待肉丸变色发紧时，用汤勺轻轻推动，使之不粘连。

5. 丸子全部挤好后开大火将汤烧开，放入冬瓜片煮5分钟，调入盐、鸡精把汤味提起来，最后放入枸杞，滴入香油即可起锅。

图5-5　冬瓜丸子汤

第2节　家庭汤类用料及制作（二）

一、红枣银耳汤（图5-6）

图5-6　红枣银耳汤

主料：银耳、红枣。

辅料：冰糖适量。

制作：

1. 银耳放入开水中浸泡20分钟，泡发后取出洗净，并去除黄根，掰成小朵。红枣洗净去核。

2. 汤锅中倒入适量清水，大火烧开后，转小火放入银耳煮 30 分钟，待汤汁变得黏稠后，放入红枣继续煮 10 分钟。

3. 10 分钟后，将冰糖放入锅中，搅拌至冰糖融化即可出锅。

二、鸡蛋汤（图 5-7）

图 5-7　鸡蛋汤

主料：鸡蛋、西红柿。

辅料：淀粉、鸡精、盐、蒜、油菜、香菜各适量。

制作：

1. 西红柿切块，蒜切片，油菜、香菜切段。
2. 把鸡蛋打入碗里，搅拌均匀。
3. 炒菜锅放少量油，然后放蒜片炒香。
4. 加入西红柿块、油菜段翻炒，放入适量的水、盐。
5. 淀粉加水勾芡，倒入锅里，不停搅动。
6. 把鸡蛋液慢慢地倒入锅里，并搅拌。
7. 开锅后，撒一点儿香菜和鸡精搅拌均匀即可食用。

实训指导十七

一、玉米羹（图 5-8）

主料：玉米、鸡蛋。

辅料：盐、淀粉各适量。

制作：

1. 将鸡蛋打入碗里，搅拌均匀后备用。
2. 将玉米用料理机打成玉米浆。

3. 将淀粉加水搅拌均匀，配成芡汁。
4. 锅内加入适量清水，先用大火烧开，然后放入玉米浆。
5. 继续烧开后，加入鸡蛋液，不停搅动。
6. 在锅里加入盐、芡汁，煮开后即可食用。

图 5-8　玉米羹

二、清炖鱼汤（图 5-9）

图 5-9　清炖鱼汤

主料：鱼。

辅料：盐、料酒、葱、姜、红辣椒、油、胡椒粉、鸡精、香菜各适量。

制作：

1. 鱼开膛去内脏，去鳞去鳃，洗净，用盐和料酒稍腌待用。
2. 葱切段，姜切片。
3. 砂锅烧热，放入少量油，再放入鱼、葱段、姜片。也可根据个人情况加入适量的红辣椒。
4. 加入足量开水，加盖烧开后转小火煲 40 分钟（如果想要白汤，可用大火先煲 10 分钟后转小火）。

5. 最后起锅前加盐、胡椒粉、鸡精、香菜调味即可出锅。

三、菌菇汤（图 5-10）

图 5-10　菌菇汤

主料：海鲜菇、平菇。
辅料：葱、姜、蒜、油、胡椒粉、枸杞、盐各适量。
制作：
1. 将海鲜菇和平菇洗净。
2. 切一点儿葱花，姜、蒜切片。
3. 锅里放油，待油热后爆香姜片和蒜片，倒入菌菇翻炒。
4. 加入适量清水，大火烧开，小火炖 30 分钟。
5. 加入适量胡椒粉、枸杞和盐，再撒上葱花即可出锅。

第6章

家庭餐饮的制作·月子餐

学习目标

1. 了解家庭餐饮及月子餐的特点。
2. 熟悉月子餐的用料及月子餐的营养价值搭配。
3. 掌握月子餐的制作方法。

第1节　月子餐的特点与禁忌

月子餐对于产妇是非常重要的，产妇月子期间一是身体恢复，二是哺乳婴儿，这两个方面均需要充足的营养。食用科学的月子餐可以尽快帮助产妇恢复身体，有助于泌乳。

一、月子餐的特点

月子饮食以温补为主，食宜：精、杂、稀、软。

1. 精　是指产妇进食量不宜过多，进补要适度。如果纯母乳喂养婴儿需要充足的奶量，产妇的进食量可以比孕期稍增，如果奶量正好够宝宝吃，则进食量与孕期等量即可。

2. 杂　是指食物品种多样化，讲究荤素搭配。

3. 稀　是指产妇摄入水分宜多，乳汁的最大成分是水，产妇可以多喝水，食用各式的汤、牛奶、粥、水果等水分较多的食物。

4. 软　是指食物烧煮的方式，应以细软为主，饭或面都应煮得软些。

二、月子饮食的禁忌

月子饮食忌食：冷、辣、咸、酸。

1. 忌食寒凉生冷食物，因为这些食物不利于恶露的排出和淤血的去除。
2. 忌食辛辣刺激性食品，如辣椒。因为这些食物易加重气血虚弱，并致便秘。
3. 忌食酸涩收敛食品，如乌梅、莲子、柿子、南瓜等，以免阻滞血行，不利于恶露排出。
4. 忌食过咸食品，易致水肿。但也不可忌盐，因产后尿多、汗多。
5. 忌食过硬、不易消化的食物，易导致消化不良。
6. 忌食过饱，产妇胃肠功能较弱，过饱会妨碍消化功能，产后应做到少食多餐，每天可进食5～6次。

第2节　月子餐各阶段的营养搭配

一、产后第一周以排为主

为了补充产妇在分娩过程中消耗的体力及能量，应以富于营养、较高热量的饮食为主。但对于刚生下宝宝的产妇来说，身体仍处在极度虚弱的状态，同时肠胃的蠕动功能也较差，对食物的消化与营养吸收功能尚未恢复。进补要考虑产妇身体恢复的状况，循序渐进。

产后第一周以排为主。排清体内恶露，清肠通便，健脾开胃，通乳催乳等，以代谢和排毒为主。在怀孕期间，产妇体内储存大量的水和钠，会随着分娩排出，表现为大量出汗，排恶露和其他废物，这是一个自然生理反应。因此，产妇需要清淡饮食，以流食为主，不宜吃生冷的食物，以便清理体内的水、钠，同时注意休息。

二、产后第二周以调为主

产后第二周以调为主。饮食目的是修复组织和调理脏器，促进体能恢复。通过膳食调理并增加产妇泌乳量，增强体质。进入月子的第二周，产妇的伤口基本愈合，胃口明显好转。怎样才能分泌出营养丰富、充足的乳汁是许多产妇十分关心的问题。其实，乳汁分泌的质量和数量会受到许多方面的影响，如心情是否愉悦、生活是否规律、饮食是否健康等都是重要因素，而其中最重要的是产妇的营养状况。食补催乳一直是使用最广泛的产后催乳方法。此方法不仅安全有效，而且在食物催乳的同时还能兼顾美容的功效，对于产妇来说是必不可少的。同时应注意吃容易消化的食物，以防便秘。

三、产后第三周以补为主

产后第三周以补为主。这时候该排的已经排完，产妇的营养需求应从第一周的排毒、第二周的收缩子宫，慢慢地转向滋补调理肠胃。哺乳期的产妇除了自身营养外，还要兼顾宝宝的健康。只有摄取充足且高质量的蛋白质，才能让产妇拥有为宝宝提供优质母乳的好体质。调理产妇身体，补血补气，催乳，保证母乳的质量，月子期间一定要睡眠好，营养搭配合理，这样才能恢复好身体。

四、产后第四周以养为主

产后第四周产妇身体已经基本恢复，应该食用温补性食物促进血液循环，达到气血双养的目的。产妇也可以进行适量的运动，如散步、做仰卧起坐等，既可以帮助消化，又可以瘦身。

五、产后第五周以防为主

产后第五周产妇基本可以恢复孕前的生活，在饮食上不要吃生冷刺激性的食物，以防影响乳汁分泌和身体康复，多喝汤水保持奶水充足，保持好睡眠。可采用食补和按摩的方式淡化妊娠纹，要注意保持身体的清洁卫生，以防感染疾病。

实训指导十八　月子餐制作（第一周）

一、鸡蛋羹（图 6-1）

图 6-1　鸡蛋羹

主料：鸡蛋。

辅料：蟹棒、苦菊各适量。

制作：

1. 碗里放入 180 毫升 50℃的温开水，打入鸡蛋并打散，用筷子（也可用打蛋器）搅拌起泡。

2. 锅内放入清水，将蛋液碗放在冷水的锅中，烧开后蒸 12 分钟左右。

3. 也可在蛋液中加少量蟹棒增加口感，加片苦菊叶增加美感。

功效：鸡蛋可以补充蛋白质，吃鸡蛋羹时最好搭配蔬菜一起吃，这样可以补充维生素，促进蛋白质的吸收。

二、小米红枣粥（图 6-2）

主料：小米。

辅料：红枣适量。

制作：

1. 把小米淘洗干净，沥干水分。红枣泡洗干净备用。

2. 锅里倒入水，烧开后倒入小米和红枣，用中火煮15分钟至小米粥黏稠即可食用。

功效：小米有清热清渴、健胃除湿的功效；红枣能活血补气、健脾养胃、健脑。

图6-2 小米红枣粥

实训指导十九 月子餐制作（第二周）

一、鸡汤面条（图6-3）

图6-3 鸡汤面条

主料：鸡肉、面条。

辅料：香菇、姜、玉米、料酒、盐各适量。

制作：

1. 鸡肉洗净并沥干水分，放入开水锅里煮2分钟捞出备用。
2. 姜洗净切片，玉米切块备用。
3. 在砂锅内倒入冷水并烧开，放入鸡块、姜片、玉米块、料酒、盐适量，中火炖20分钟，肉烂后放入香菇。
4. 另起锅加水烧开，将面条煮熟。
5. 将煮熟的面条捞入碗里，再浇上香菇鸡汤即可食用。

功效：此饮食含有丰富的蛋白质，营养丰富且美味。

二、鲫鱼汤（图 6-4）

图 6-4　鲫鱼汤

主料：鲫鱼。
辅料：葱、姜、油各适量。
制作：
1. 掏空鲫鱼肚子里的内脏，去鳃去鳞并洗净，两面斜切三刀。
2. 切一点儿葱花，姜切片。
3. 热锅放少许油，把鲫鱼两面煎黄，倒入开水漫过鱼。
4. 煮十几分钟后放葱花和姜片，再煮 7～8 分钟后，起锅装汤盆即可食用。
功效：鲫鱼汤有催乳的作用。

三、素炒油麦菜（图 6-5）

图 6-5　素炒油麦菜

主料：油麦菜。
辅料：盐、葱、姜、蚝油各适量。
制作：
1. 将油麦菜洗净沥干，切段备用。姜切末，再切一点儿葱花。
2. 锅烧热并放入油，放葱花、姜末爆香。

3. 放油麦菜翻炒 4～5 分钟，然后放盐、蚝油，搅拌均匀后起锅。
功效：促进血液循环，有助于睡眠。

实训指导二十　月子餐制作（第三周）

一、黑米粥（图 6-6）

图 6-6　黑米粥

主料：黑米、糯米、薏仁米、花生仁。
辅料：红豆、黑豆各适量。
制作：
1. 把上述主料和辅料洗净放到大碗里，冷水浸泡 8 小时。
2. 冷水烧开后，把泡好的食料全部放锅里大火煮 20 分钟。
功效：调理肠胃，减肥，改善发质。

二、炖羊肉（图 6-7）

图 6-7　炖羊肉

主料：羊肉。

辅料：花椒、大料、香菜、姜、葱、蒜、盐各适量。

制作：

1. 将羊肉切成小段，放入盛好水的锅中，大火烧开水后，将表层的血水沫用汤勺全部撇掉。

2. 香菜、葱切段，姜切片备用。

3. 在锅中放入适量葱段、蒜瓣、花椒、大料、姜片，加入适量盐。小火炖 1.5 小时左右，中间要常开盖翻动。

4. 大火收汤汁，撒些香菜即可食用。

功效：补中益气、温胃助阳。

三、菠菜饺子（图 6-8）

图 6-8　菠菜饺子

主料：面粉、菠菜、鲜肉馅。

辅料：盐、十三香、蚝油、油各适量。

制作：

1. 菠菜切末并挤压，用挤出的菠菜汁和面，软硬适度。

2. 鲜肉馅放盐、十三香、蚝油、油适量，把馅搅拌好备用。

3. 将菠菜面团分割成小块，揉成长条形。

4. 将长条形面团做成小剂子，擀成圆形的饺子皮，再将馅料包在饺子皮里。锅里冷水烧开后下饺子，中间可以点三次冷水煮到饺子浮在水面即可食用。

四、当归黄芪乌鸡汤（图 6-9）

主料：乌鸡。

辅料：当归、黄芪、红枣、盐、枸杞、料酒各适量。

制作：

1. 洗净乌鸡，挖去内脏。

2. 将乌鸡焯水。

3. 在砂锅里放入适量开水，放入乌鸡、当归、黄芪、红枣、盐、枸杞、料酒，大火炖半小时。

4. 再转小火慢炖到鸡肉软烂即可食用。

功效：调补气血，补肾调经等。

图 6-9 当归黄芪乌鸡汤

五、木瓜炖牛奶（图 6-10）

图 6-10 木瓜炖牛奶

主料：木瓜、牛奶。

辅料：冰糖适量。

制作：

1. 将木瓜切成小块备用。

2. 将木瓜块放在炖盅里，再放入适量的冰糖。

3. 把炖盅放进锅里用大火蒸 20 分钟，倒入适量牛奶继续大火蒸 15 分钟即可食用。

功效：木瓜含有丰富的木瓜酶、维生素、钙、磷及多种矿物质，对人体有益处，能够帮助产妇催乳。

实训指导二十一　月子餐制作（第四周）

一、素炒空心菜（图 6-11）

图 6-11　素炒空心菜

主料：空心菜。

辅料：胡萝卜、姜、葱、盐、蚝油、油各适量。

制作：

1. 择净，洗净并沥干空心菜，切段备用。
2. 洗净胡萝卜并切成小丁。切一点儿葱花、姜末备用。
3. 锅里放少许油，烧热后放姜末、葱花爆炒出香味，放入空心菜和胡萝卜丁，中火翻炒，加入盐、蚝油，起锅装盘即可食用。

功效：降脂减肥，美容佳品，防暑解热。

二、葱花饼（图 6-12）

图 6-12　葱花饼

主料：面粉。

辅料：酵母粉、葱、十三香、盐、油各适量。

制作：

1. 把少许的酵母粉放入面粉里，用温水和面，软硬合适。面团发酵 20 分钟，放好备用。

2. 把发酵好的面团揉一揉，擀成面饼，放入葱花、盐、油、十三香，然后卷起来盘成螺旋形，再擀成面饼，大小同电饼铛相近。

3. 电饼铛刷油，把擀好的面饼放在电饼铛上烤约 5 分钟，翻面再烤约 5 分钟。

功效：香脆松软，美味可口。

三、玉米排骨汤（图 6-13）

图 6-13　玉米排骨汤

主料：排骨、玉米。

辅料：葱、姜、盐适量。

制作：

1. 洗净排骨备用，玉米、葱切段，姜切片。

2. 冷水烧开，把排骨放在开水里浸 4～5 分钟，捞出沥干水分。

3. 把所有用料一起放入锅里，加水至漫过排骨，煮 30～45 分钟。

功效：补钙降脂，排骨富含钙质和磷脂，在玉米富含维生素 D 的帮助下，产妇能够较好地吸收排骨中的钙质。

实训指导二十二　月子餐制作（第五周）

一、醪糟荷包蛋（图 6-14）

主料：醪糟、鸡蛋。

辅料：枸杞、冰糖各适量。

制作：

1. 汤锅中加两碗清水、少许枸杞。
2. 水烧开后放入冰糖及醪糟。
3. 将醪糟煮开后，打入鸡蛋，盖上锅盖，煮 2 分钟左右即可食用。

功效：滋阴养颜、催乳丰胸等。

图 6-14　醪糟荷包蛋

二、黄豆猪脚汤（图 6-15）

图 6-15　黄豆猪脚汤

主料：猪脚、黄豆。

辅料：葱、姜、盐各适量。

制作：

1. 猪脚洗干净后放进热水中浸泡 2 分钟去血水，捞起备用。
2. 黄豆提前浸泡 2 小时备用。葱切段，姜切片。
3. 把猪脚、黄豆、葱段、姜片及适量的水放进炖盅里炖 2 小时，加盐调味即可食用。

功效：猪脚有丰富的胶原蛋白，能促进细胞生理代谢，使皮肤更富有弹性和韧性，延缓皮肤的衰老。

三、素炒西兰花（图 6-16）

图 6-16　素炒西兰花

主料：西兰花。

辅料：盐、蚝油、姜、葱、油各适量。

制作：

1. 西兰花切小朵，冷水里放盐泡 10 分钟。

2. 冷水烧开后，放入西兰花断生，捞出并沥干水分备用。葱、姜切末。

3. 锅里放少许油，油热 6 成后放姜末、葱末并爆炒出香味，然后将西兰花放入锅里翻炒入味。

4. 放盐、蚝油再翻炒 2～3 分钟，出锅装盘即可食用。

功效：补肾填精、补脾和胃。

四、丝瓜蛋汤（图 6-17）

图 6-17　丝瓜蛋汤

主料：丝瓜、鸡蛋。

辅料：葱、盐、油、香油各适量。

制作：

1. 丝瓜去皮切片。再切一些葱花。
2. 将鸡蛋打入碗中，搅拌成鸡蛋液。
3. 锅烧 6 成热，在锅内加几滴油，将葱花爆香，加入适量的水煮开，放入丝瓜。
4. 锅开后加入适量的盐调味，把鸡蛋液慢慢倒入锅中。
5. 关火并滴几滴香油即可食用。

功效：丝瓜含有多种维生素，具有除烦、通经活络、理气的功效，另外也可减肥，有助产妇催乳。

第7章

家庭餐饮的制作·吕梁特色菜肴

学习目标

1. 了解吕梁特色菜肴的特点。
2. 熟悉吕梁特色菜肴用料及营养价值的搭配。
3. 掌握吕梁特色菜肴的制作方法。

第1节　吕梁特色菜一

一、炒恶（图7-1）

图7-1　炒恶

主料：土豆、红菜椒、尖椒。

辅料：淀粉、油、盐、酱油、花椒、葱、蒜、陈醋、辣椒油、鲜花、法香各适量。

制作：

1. 土豆洗净去皮后切成块，把土豆块放在塔吉锅中盖好锅盖，再放入微波炉，高火加热5分钟至土豆块熟。取出锅，用擀面杖将土豆块捣成泥状，再把土豆泥放在料理机的果浆杯内，再放入适量清水把土豆泥搅打成泥糊状。

2. 把淀粉放在和面盆里，将土豆糊倒入淀粉中，加入盐，用筷子搅拌均匀，形成面疙瘩。再把面疙瘩揉在一起，做成表面光滑的软面团。

3. 准备一个盘子，表面刷一层油，把面团放在盘子上，用手掌心在面团上拍打，把面团拍成厚薄一致的圆饼，再覆盖一层保鲜膜。锅内放入适量清水，支好蒸架，把盘子放在蒸架上，盖好锅盖，大火蒸 10 分钟，打开锅盖撕掉保鲜膜，用筷子在面团上扎一下，筷子不粘面团，说明面团就蒸熟了。把盘子取出放在一边晾凉，这种蒸好的食物就称为“恶”，放凉以后呈半透明状，弹性非常大。

4. 锅里放入适量油烧热，放入切好的葱末和蒜末爆香。将洗净的红菜椒、尖椒切成菱形块，一并放入锅中翻炒。把上面制好的“恶”先切成条状，再切成菱形块，将菱形块的恶放入锅中，用铲子翻炒，均匀烹入 1 勺自制花椒水（在碗中放入清水，加一些花椒粒），放入盐，沿锅边倒入酱油、陈醋，淋入辣椒油，用铲子翻炒均匀即可出锅，可在盘边加鲜花和法香做点缀，增加美感。

二、合愣子（图 7-2）

图 7-2　合楞子

主料：土豆、面粉。

辅料：蒜、酱油、醋、盐各适量。

制作：

1. 土豆洗净去皮。
2. 用擦菜板把土豆擦成丝，再用料理机打成糊状。
3. 把土豆糊放在一块干净的布中，拎起布的四个角包好并用手挤去水分。
4. 把土豆泥放在盆里。
5. 往土豆泥上撒少许面粉。
6. 用手把土豆泥和面粉抓匀。
7. 取一个小土豆面团，充分揉搓，使其呈球形。
8. 将揉好的土豆球摆放在盘中，开大火蒸 20 分钟左右。
9. 用蒜、酱油、醋、盐做成蒜汁，蒸好的合楞子蘸着蒜汁吃更美味。

三、酸菜土豆泥（图 7-3）

主料：土豆、酸菜。

辅料：青椒、红菜椒、葱、盐、油各适量。

制作：

1. 青椒、红菜椒洗净切丁，再切一些葱花。

2. 土豆洗净去皮，切片放入蒸锅中蒸熟。

3. 酸菜清洗 2～3 遍，取茎的部分切成小丁。

4. 土豆蒸熟后，趁热取出并将其压成泥状备用。

5. 锅中放入油，待油 7 成热后，加入切好的葱花爆香，倒入切好的酸菜丁、青椒丁、红菜椒丁翻炒，加入盐适量，再加入土豆泥翻炒均匀即可食用。

图 7-3　酸菜土豆泥

实训指导二十三

一、三片瓦（图 7-4）

图 7-4　三片瓦

主料：老豆腐。

辅料：葱、辣椒、油、蒸鱼豉油、香菜、盐各适量。

制作：

1. 豆腐切三大块。

2. 香菜切段，辣椒切末，再切一些葱花备用。

3. 锅里加水，烧开后放入豆腐块煮 2～3 分钟，然后捞出，注意不要弄碎豆腐。

4. 在炒锅里多加一点儿油烧热，放入辣椒末和葱末炒香，加入适量蒸鱼豉油和盐做成调汁。

5. 把做好的调汁浇在豆腐上，撒点儿香菜即可食用。

二、心太软（图 7-5）

图 7-5　心太软

主料：红枣、糯米粉。

辅料：糖适量。

制作：

1. 用小刀将红枣划开一个口子，用剪刀把核取出来。

2. 取完核后装盘。

3. 取 50 克糖，并用热开水化开。

4. 把糯米粉放入盆里，慢慢加入糖水，揉成一个光滑湿软的面团，再制成小丸子。

5. 逐个将小丸子搓成椭圆形，放入红枣中。

6. 红枣夹小丸子蒸 20 分钟即可食用。

三、柳林碗托（图 7-6）

主料：荞面。

辅料：葱、辣椒、白芝麻、盐、五香粉、香油各适量。

制作：

1. 荞面中加入盐、五香粉。

2. 凉水和面，将面团由硬慢慢和软。

3. 待面团光亮后，边加冷水边不断搓揉，使其稀释，变成稠糊浆，再用手朝同一方向连续搅动稀释到面糊能挂住勺碗为宜（注意不能不和成面团直接搅成面糊，那样碗托吃起来不筋道）。

4. 把面糊放入碗里上锅蒸，多用细瓷碗，以底浅容积小者为宜，面糊入碗前，先将碗置锅内蒸热，用湿布擦去碗内水汽，将面糊舀入碗内。每碗只盛8成满，加盖大火蒸约20分钟即熟。趁热取碗出锅，用筷子朝一个方向快速搅动，摊贴至碗口边缘，使碗内呈凹形，置于凉处冷却后即成碗托。

注意：碗托不仅可以凉食，也可以热食。凉食时切条、割块、就碗刀扎而食均可，吃时用葱花、白芝麻、香油调汁，加辣椒油更加美味。碗托也可配豆芽炒食。

柳林碗托所配的辣椒很有讲究，要先把香油烧热后，放入葱花少许，待葱花炸至发黄时，倒入辣椒翻炒至深红色。辣椒要用头茬椒，因为头茬椒肉厚，辣味纯正，香辣无比。

图7-6　柳林碗托

四、炝莜面（图7-7）

图7-7　炝莜面

主料：莜面。

辅料：盐、葱、姜、辣椒油、青椒、红菜椒各适量。

制作：

1. 把莜面加水和好后，搓成枣核状，长度约5厘米备用。
2. 把青椒、红菜椒洗净切丝，葱、姜切末。
3. 锅里放辣椒油。
4. 放入葱末、姜末煸炒出香味。

5. 放入搓好的莜面及切好的青椒、红菜椒丝爆炒，加入适量盐，翻炒均匀后倒入盘中即可食用。

第2节　吕梁特色菜二

一、香酥豆角（图7-8）

图7-8　香酥豆角

主料：豆角、鸡蛋、油炸粉。

辅料：胡椒粉、盐、葱、椒盐、油各适量。

制作：

1. 用开水把豆角煮至熟透，注意不熟的豆角极易中毒。

2. 取鸡蛋的蛋清，将其和油炸粉调成糊，并加入适量胡椒粉、盐，然后放入豆角挂糊。

3. 油热后将挂糊的豆角下锅炸至淡黄色即可。

4. 出锅时可以撒一些椒盐和葱花。

二、干锅土豆片（图7-9）

主料：土豆、红菜椒、五花肉。

辅料：油、盐、辣豆瓣酱、葱、鸡精各适量。

制作：

1. 把土豆切片，过凉水，并控干。

2. 锅中多放些油，微热后煎土豆片，土豆片煎至两面金黄即可。

3. 把红菜椒切块，五花肉切片，葱切段。

4. 用煎土豆片剩下的油炒肉片、红菜椒块和葱段。

5. 放入辣豆瓣酱翻炒出红油，加入适量水、盐和鸡精。

6. 放入土豆片，翻炒至没有水分即可出锅。

图 7-9　干锅土豆片

三、蒜蓉菠菜（图 7-10）

图 7-10　蒜蓉菠菜

主料：菠菜。

辅料：蒜、姜、盐、油、糖、生抽各适量。

制作：

1. 先把菠菜择洗干净，切段。
2. 切一些姜末、蒜末备用。
3. 把洗净的菠菜放到沸水里焯熟，捞出备用。
4. 炒锅放少许油烧热，放姜末煸出香味。
5. 放入盐、糖、生抽调味，用铲子不断搅动，闻到香味调汁就做好了。
6. 把菠菜整齐摆放装盘，把加工好的调汁淋在菠菜上，再撒一点儿蒜末即可食用。

实训指导二十四

一、清炒菜花（图 7-11）

主料：菜花。

辅料：姜、葱、油、酱油、盐、糖、料酒、十三香粉、鸡精各适量。

制作：

1. 菜花切小块，姜、葱切丝备用。

2. 锅内烧热油，下入葱丝、姜丝爆香，加几滴酱油后，放入菜花均匀翻炒。

3. 加盐、鸡精、糖、料酒、十三香粉，小火煮出汤后，焖一会儿即可出锅。

图 7-11　清炒菜花

二、干锅茶树菇（图 7-12）

图 7-12　干锅茶树菇

主料：茶树菇、五花肉。

辅料：葱、蒜、姜、红菜椒、豆瓣酱、盐、鸡精、油、酱油、糖各适量。

制作：

1. 茶树菇洗净切段，入开水锅里焯水后捞出沥干水分备用。

2. 五花肉切薄片，葱、姜、红菜椒切丝，蒜切片备用。

3. 锅中放少许底油，放入五花肉煸至出油，然后放入葱丝、姜丝、蒜片炒香。

4. 放入豆瓣酱炒出香味，倒入红菜椒丝翻炒。

5. 把焯好的茶树菇放进锅里，继续煸炒 4～5 分钟。加盐、糖、酱油、鸡精调味后即可食用。

三、西芹核桃仁（图 7-13）

图 7-13　西芹核桃仁

主料：西芹、核桃仁。

辅料：盐、油、红菜椒各适量。

制作：

1. 西芹、红菜椒洗净切段，核桃仁在热水中浸泡去皮。
2. 热水中加少许盐和几滴油，焯烫西芹，数秒后待西芹微微变色后捞出。
3. 热锅中放少许油，烧热后放入焯好的西芹、红菜椒和泡好的核桃仁，翻炒出香味，加少许盐即可出锅。

四、蒜薹炒肉（图 7-14）

图 7-14　蒜薹炒肉

主料：五花肉、蒜薹。

辅料：料酒、酱油、糖、盐、油、淀粉、干辣椒各适量。

制作：

1. 五花肉洗净，切薄片，加入盐、淀粉、酱油、料酒腌制数分钟。

2. 蒜薹洗净切段，将干辣椒切块。
3. 锅烧热倒入油，待油温稍高，放入肉片大火爆炒，肉色变白时盛出。
4. 另起锅倒入油，加入干辣椒爆香，再加入蒜薹、酱油、糖、盐翻炒。
5. 倒入肉片，炒至汤汁收干即可盛出。

附 录

家庭餐饮制作的基本技巧

附录一 怎样用盐

盐在烹调中的作用是十分重要的，人们常将食盐的咸味称为“百味之王”，“一盐调百味”。盐在烹调中的主要作用是调味。烹调加盐时，既要考虑到菜肴的口味是否适度，同时也要讲究用盐的时机是否正确。人的味觉可以感觉到咸味的最低浓度为0.10%～0.15%，感觉最舒服的食盐溶液的浓度是0.8%～1.2%，因此，制作汤类菜肴应按0.8%～1.2%的用量掌握。而煮、炖菜肴时一般应控制在1.5%～2.0%。

盐在烹调过程中常与其他辅料一同使用，使用过程中几种辅料之间必然发生作用，形成一种复合味。一般来说，咸味中加入微量醋，可使咸味增强，加入醋量较多时，可使咸味减弱。反之，醋中加入少量食盐，会使酸味增强，加入大量盐后则使酸味减弱。咸味中加入糖，可使咸味减弱。甜味中加入少许食盐，可在一定程度上增加甜味。咸味中加入味精可使咸味缓和，味精中加入少量食盐，可以增加味精的鲜度。此外，食盐有高渗透作用，还能抑制细菌的生长。制作肉丸、鱼丸时，加盐搅拌，可以提高主料的吃水量，使制成的肉丸、鱼丸柔嫩多汁。在和面团时加少许盐可在一定程度上增加面的弹性和韧性。发酵面团中加盐还可起到调节面团发酵速度的作用，使蒸出的面食更松软可口。

在烹调中掌握用盐，大体有以下三种情况。

1. 烹调前加盐 即在主料加热前加盐，目的是使主料有一个基本咸味并收缩。在使用炸、爆、滑溜、滑炒等烹调方法时，都可结合上浆、挂糊加入一些盐。因为这类烹调方法的主料被包裹在一层浆糊中，味不得入，所以必须在烹前加盐。另外，有些菜在烹调过程中无法加盐，如荷叶粉蒸肉等，也必须在蒸前加盐。烧鱼时为使鱼肉不碎，也要先用盐或酱油涂抹鱼身。但这种加盐法用盐要少，距离烹调时间要短。

2. 烹调中加盐 这是最主要的加盐方法，在运用炒、烧、煮、焖、煨、滑等技法烹调时，都要在烹调中加盐。也可在菜肴快熟时加盐，减少盐对菜肴的渗透压，保持菜肴松嫩，养分不流失。

3. 烹调后加盐 即加热完成以后加盐，以炸为主的烹制菜肴即为此类。炸好后撒上椒盐等辅料。

附录二　怎 样 调 味

调味是菜肴最后成熟的技术关键之一。只有不断地操练和摸索，才能慢慢地掌握其规律与方法，并与火候巧妙地结合，烹制出色、香、形俱佳的菜肴。

调味的依据大致有以下几点：

1. 因料调味　新鲜的鸡、鱼、虾和蔬菜等，其本身具有特殊鲜味，调味不应过量，以免掩盖天然的鲜美滋味。腥膻气味较重的主料，如不鲜的鱼、虾、牛羊肉及内脏类，调味时应酌量多加些去腥解腻的调味品，如料酒、醋、糖、葱、姜、蒜等，以便减恶味、增鲜味。本身无特定味道的主料，如海参、鱼翅等，除必须加入鲜汤外，还应当按照菜肴的具体要求施以相应的调味品。

2. 因菜调味　每种菜都有自己特定的口味，这种口味是通过不同的烹调方法最后确定的。因此，投放调味品的种类和数量皆不可乱来，特别是对于多味菜，必须分清味的主次，才能恰到好处地使用主料、辅料。有的菜以酸甜为主，有的以鲜香为主，还有的菜上口甜、收口咸，或上口咸、收口甜等，这种一菜数味、变化多端的奥妙皆在于调味技巧。

3. 因时调味　人们的口味往往随季节变化而有所差异，这也与机体代谢状况有关。例如在冬季，由于气候寒冷，因而喜用浓厚肥美的菜肴；炎热的夏季则嗜好清淡爽口的食物。

4. 因人调味　烹调时，在保持地方菜肴风味特点的前提下，还要注意就餐者的不同口味，做到因人制菜。所谓“食无定味，适口者珍”就是因人制菜的恰当概括。

5. 辅料优质　主料好而辅料不佳或辅料投放不当，都将影响菜肴风味。烹制什么地方的菜肴，应用当地的著名辅料，这样才能使菜肴风味俱佳。例如，川菜中的水煮肉，其中要用四川郫县的豆瓣酱和汉原的花椒，这样做出来的味道就非常正宗。当然，条件有限的情况下，也可不必过分讲究。

烹调过程中的调味，一般可分为三步完成：第一步，加热前调味；第二步，加热中调味；第三步，加热后调味。

加热前的调味又称为基础调味，目的是使主料在烹制之前就具有一定的基础风味，同时去除某些主料的腥膻气味。具体方法是将主料用盐、酱油、料酒、糖等调拌均匀，浸渍一下，或者加上鸡蛋、淀粉浆一浆，使主料初步入味，然后再进行加热烹调。鸡、鸭、鱼、肉类菜肴也都要做加热前的调味，青笋、黄瓜等辅料也常先用盐腌制除水，确定其基本味。一些不能在加热中开盖和调味的蒸、炖制菜肴，更是要在上笼入锅前调好味，如蒸鸡、蒸肉、蒸鱼、炖鸭、焖肉、坛子肉等，它们的调味方法一般是将兑好的汤汁或搅拌好的调味品同蒸制主料一起放入器皿中，以便于加热过程中入味。

加热中的调味也称为正式调味或定型调味。菜肴的口味正是由这一步来定型，所以是决定性调味阶段。当主料下锅以后，在适宜的时机按照菜肴的烹调要求和食者的口味，加入或咸或甜，或酸或辣，或香或鲜的调味品。有些旺火急成的菜，须事先把所需的调味品放在碗中调好，这称为“预备调味”，以便烹调时及时加入，不误火候。

加热后的调味又称为辅助调味，可增加菜肴的特定滋味。有些菜肴，虽然在第一、二阶段中都进行了调味，但在色、香、味方面仍未达到应有的要求，因此需要在加热后最后定味，如炸制菜品往往撒些椒盐或辣酱等，涮品（涮羊肉等）还要蘸上很多的调味小料，蒸菜也有的要在上桌前另烧调汁，烩的乌鱼蛋则在出勺时往汤中放些醋，烤鸭需配上甜面酱，炝、拌的凉菜也需浇以兑好的三合油、姜醋汁、芥末糊等。这些都是加热后的调味，对增加菜肴的特定风味必不可少。

附录三　怎样掌握火候

火候是指菜肴烹调过程中所用的火力大小和时间长短。烹调时，一方面要从燃烧烈度鉴别火力的大小，另一方面要根据主料性质掌握成熟时间的长短。两者统一，才能使菜肴烹调达到标准。一般来说，火力运用大小要根据主料性质来确定，但也不是绝对的。有些菜根据烹调要求需要使用两种或两种以上火力，如清炖牛肉就是先旺火，后小火；而汆鱼脯则是先小火，后中火；干烧鱼则是先旺火，再中火，后小火烧制。烹调中运用和掌握好火候要注意以下因素的关系：

1. 火候与主料的关系　菜肴主料多种多样，有老、有嫩、有硬、有软，烹调中的火候运用要根据主料质地来确定。软、嫩、脆的主料多用旺火速成，老、硬、韧的主料多用小火长时间烹调。但如果在烹调前通过初步加工改变了主料的质地和特点，那么火候运用也要改变，如主料切细、走油、焯水等都能缩短烹调时间。主料数量的多少也和火候大小有关。数量越少，火力相对就要减弱，时间就要缩短。主料形状与火候运用也有直接关系，一般来说，整块的主料在烹调中，由于受热面积小，需长时间才能成熟，所以火力不宜过旺。而碎状的主料因其受热面积大，急火速成即可成熟。

2. 火候与传导方式的关系　在烹调中，火力传导是使烹调主料发生质变的决定因素。传导方式是以辐射、传导、对流三种传热方式进行的。传热媒介又分为无媒介传热和有媒介传热，如水、油、蒸汽、盐、砂粒传热等。这些不同的传热方式直接影响着烹调中火候的运用。

3. 火候与烹调技法的关系　烹调技法与火候运用密切相关。炒、爆、烹、炸等技法多用旺火速成。烧、炖、煮、焖等技法多用小火长时间烹调，但根据菜肴的要求，每种烹调技法在运用火候上也不是一成不变的。只有在烹调中综合各种因素才能正确地运用好火候。下面举三种火候的应用实例加以说明。

（1）小火烹调的菜肴：如清炖牛肉，是以小火烧煮的。烹制前先把牛肉切成方块，用沸水焯一下，清除血沫和杂质。这时牛肉的纤维是收缩阶段，要移中火，加入辅料，烧煮片刻，再移小火，通过小火烧煮，使牛肉收缩的纤维逐渐伸展。当牛肉快熟时，再放入辅料炖煮至熟，这样做出来的清炖牛肉色香味形俱佳。如果用旺火烧煮，牛肉就会出现外形不整齐现象。另外，菜汤中还会有许多牛肉渣，造成肉汤混浊，而且容易形成表面熟烂，里面仍然嚼不动的情况。因此，大块主料的菜肴，多用小火。

（2）中火适用于炸制菜：凡是外面挂糊的主料，在下油锅炸时，多使用中火下锅，逐渐加油的方法，效果较好。因为炸制时如果用旺火，主料会立即变焦，形成外焦里生。

如果用小火，主料下锅后会出现脱糊现象。有的菜如香酥鸡，则是采取旺火时将主料下锅，炸出一层较硬的外壳，再移入中火炸至酥脆。

（3）旺火适用于爆、炒、涮的菜肴：一般用旺火烹调的菜肴，主料多以脆、嫩为主，如葱爆羊肉、涮羊肉、水爆肚等。水爆肚焯水时，必须沸入沸出，这样涮出来的爆肚才会脆嫩。原因在于旺火烹调的菜肴，能使主料迅速受高温，纤维急剧收缩，使肉内的水分不易浸出，吃时较脆嫩。如果不是用旺火，火力不足，锅中水不沸，主料不能及时收缩，就会将主料煮老。再如葱爆羊肉，看起来很简单，但有的人做出来的葱爆羊肉，不是出汤多，就是肉老嚼不动。怎样做才能烹好呢？首先是肉要切好，将肉切成薄片；其次一定要用旺火，油要烧热。炒锅置旺火上，下油烧至冒油烟，再下入羊肉炒至变色，立即下葱和辅料焖炒片刻，见葱变色立即出锅，也是要旺火速成，否则就会造成水多和嚼不动的情况。

但现在一般家用燃气灶，只能出小火、中火、大火，达不到旺火的要求。要利用中火、小火炒出旺火烹制的菜肴，首先锅内的油量要适当加大，其次是加热时间要稍长一点，再有一次投放的主料要少些，这样便可以达到较好的效果。

参考文献

劳动和社会保障部中国就业培训技术指导中心，劳动和社会保障部教育培训中心，2003.营养配餐员（基础知识）.北京：中国劳动社会保障出版社